21世纪全国高职高专建筑设计专业技能型规划教材

3ds max 室内设计表现方法

主　编　徐海军
副主编　王馨民　陈利闯　黄冠华
参　编　董龄烨

内 容 简 介

本书是一本介绍 3ds max 9.0 中文版室内外设计表现方法的入门教程，重点讲解 3ds max 9.0 在室内外设计领域的功能和使用方法，并提供了大量效果图设计实例。本书共分 9 章，主要内容包括 3ds max 室内外设计表现基础、室内外构件的制作方法、室内外模型构件的编辑方法、3ds max 材质和贴图、3ds max 灯光与相机的应用、室内外动画制作基础、效果图的渲染与后期处理、Lightscape 效果图渲染、建筑室内效果图制作。本书配有综合实例，以提高读者的操作技能。本书采用实例引导的方式，通过实例与详解相结合的方法全面地介绍 3ds max 9.0 中文版的使用方法，内容丰富全面，讲解由浅入深，实例精彩实用。读者通过本书的学习，能够把学习软件功能与实际应用相结合，迅速提高室内外设计表达水平。

本书内容翔实、条理清晰、实例丰富、图文并茂，可作为三维设计与制作人员、大中专院校相关专业师生、培训班、三维设计爱好者及自学者的教材和参考用书。

图书在版编目(CIP)数据

3ds max 室内设计表现方法/徐海军主编. —北京：北京大学出版社，2010.9
(21 世纪全国高职高专建筑设计专业技能型规划教材)
ISBN 978-7-301-17762-4

Ⅰ. ①3… Ⅱ. ①徐… Ⅲ. ①室内设计：计算机辅助设计—图形软件，3DS MAX—高等学校：技术学校—教材 Ⅳ. ①TU238-39

中国版本图书馆 CIP 数据核字(2010)第 176603 号

书　　　名：	3ds max 室内设计表现方法
著作责任者：	徐海军　主编
策划编辑：	赖　青　杨星璐
责任编辑：	王红樱
标准书号：	ISBN 978-7-301-17762-4/TU·0138
出　版　者：	北京大学出版社
地　　　址：	北京市海淀区成府路 205 号　100871
网　　　址：	http://www.pup.cn　http://www.pup6.com
电　　　话：	邮购部 62752015　发行部 62750672　编辑部 62750667　出版部 62754962
电子邮箱：	pup_6@163.com
印　刷　者：	北京鑫海金澳胶印有限公司
发　行　者：	北京大学出版社
经　销　者：	新华书店
	787 毫米×1092 毫米　16 开本　18.25 印张　425 千字
	2010 年 9 月第 1 版　2010 年 9 月第 1 次印刷
定　　　价：	32.00 元

未经许可，不得以任何方式复制或抄袭本书之部分或全部内容。
版权所有　侵权必究　　举报电话：010-62752024
　　　　　　　　　　　电子邮箱：fd@pup.pku.edu.cn

前言

3ds max 是目前市场上最流行的三维造型和动画制作软件之一，也是当前世界上销售量最大的三维建模、动画及渲染解决方案之一。在当今数字化的时代，3ds max 在室内外建筑的运用中有着不可替代的优势，它不仅可以快速地绘制设计方案，在修改上也十分便捷，并且能与客户取得适时交流，从而实现互动，从这些特点来看，传统手绘形式无可比拟。伴随着房地产业的发展，对室内外建筑表现人才的需求越来越大，同时也带来了广阔的就业空间与无数的个人发展机遇。

3ds max 9.0 是 3ds max 软件的最新版本，其功能更加强大。Autodesk 将 3ds max 最为重点的更新放在了提高软件执行效率方面，3ds max 9.0 可以在 64 位系统上执行，而且执行效率很高。新加入的严密的公用文档管理、项目文件跟踪、更强的途径定制，都将加速整个工作流程。同时，mental ray 3.5 为 3ds max 9.0 提供了强大的渲染能力，还新增了动画层、专业布尔工具等新工具，改善了点缓存、毛发和布料系统，使得操作更便捷。

本书是针对 3ds max 9.0 的基础应用而撰写的一本入门级教材，首先介绍基本概念和基本操作，再对内容进行深入的讲解，并配合数量众多的案例对各种操作和技术进行实战讲解，整个讲解过程严格遵循由浅入深的原则。

本书在对 3ds max 9.0 软件系统阐述的基础上，侧重对该软件在室内外设计领域的使用方法和技巧的介绍，避免命令的泛泛介绍。本书以教学为目的，以掌握表现设计意图为原则，叙述力求简明扼要，通俗易懂，全部以应用技术实践为主导，循序渐进地引导读者快速全面地掌握 3ds max 9.0 绘图技术。

本书由山东省淄博职业学院艺术设计系徐海军担任主编（E-mail：bangbangxu007@126.com）；邢台职业技术学院王馨民、浙江广厦建设职业技术学院陈利闯、湖北城建职业技术学院黄冠华担任副主编；石家庄铁路职业技术学院董龄烨担任参编。徐海军编写第1、第7章；王馨民编写第2、第6章；陈利闯编写第4、第9章；黄冠华编写第5章；董龄烨编写第3、第8章。

由于编者水平有限，书中疏漏和不足之处在所难免，恳请专家和广大读者不吝赐教，批评指正。

编　者
2010 年 8 月

目录

第1章 3ds max 室内外设计表现基础 1
   1.1 3ds max 软件介绍 2
   1.2 3ds max 9.0 界面介绍 3
   1.3 3ds max 9.0 的空间坐标系统 9
   1.4 3ds max 9.0 基本操作 11
   1.5 综合应用案例——3ds max 9.0 基本操作练习 ... 25
   本章小结 30
   习题 30

第2章 室内外构件的制作方法 32
   2.1 "创建"命令面板的使用方法 33
   2.2 标准几何体创建室内外物体模型 35
   2.3 扩展几何体创建室内外物体模型 44
   2.4 二维建模室内外物体模型 47
   2.5 复合建模 64
   2.6 综合应用案例——制作沙发模型 76
   本章小结 84
   习题 84

第3章 室内外模型构件的编辑方法 86
   3.1 认识修改器面板 87
   3.2 编辑堆栈的基本使用 88
   3.3 室内外构件模型的常用修改命令 89
   3.4 综合应用案例——水龙头 112
   本章小结 119
   习题 119

第4章 3ds max 材质和贴图 120
   4.1 认识材质与贴图 121
   4.2 贴图坐标 130
   4.3 贴图通道 133
   4.4 复合材质与贴图 134
   本章小结 140
   习题 140

第5章 3ds max 灯光与摄像机的应用 142
   5.1 灯光的基础知识 143

5.2 灯光的参数 149
5.3 摄像机的基础知识 152
5.4 摄像机的参数 153
本章小结 155
习题 155

第 6 章 室内外动画制作基础 157
6.1 动画的基本概念 158
6.2 动画的实现方式 162
6.3 室内外动画轨迹视图的使用 178
6.4 动画控制器 184
本章小结 188
习题 188

第 7 章 效果图的渲染与后期处理 190
7.1 室内外效果图的渲染 191
7.2 mental ray 渲染器 200
7.3 后期处理 201
7.4 综合应用案例 205
本章小结 215
习题 215

第 8 章 Lightscape 效果图渲染 216
8.1 Lightscape 简介及界面熟悉 218
8.2 Lightscape 光线 224
8.3 Lightscape 材质编辑 231
8.4 Lightscape 网格设置 234
8.5 Lightscape 渲染输出 235
8.6 Lightscape 影漏问题 236
本章小结 237
习题 237

第 9 章 建筑室内效果图制作 239
9.1 相关知识点 240
9.2 课堂综合实训 244
本章小结 282
习题 282

参考文献 283

第1章 3ds max 室内外设计表现基础

教学目标

本章从总体上介绍 3ds max 9.0 软件,包括它的发展历程、安装、新增功能、工作界面等相关的基础知识,它是学习 3ds max 软件的基础。主要目的是让读者了解 3ds max 9.0 并熟悉它的操作环境,对软件的应用和使用有初步的了解。

教学要求

能力目标	知识要点	权重	自测分数
学会 3ds max 的主要功能与运行	3ds max 的主要功能	20%	
掌握 3ds max 视图控制	3ds max 视图控制按钮功能	20%	
理解空间坐标系统	坐标系与轴心点应用方法	30%	
熟练掌握 3ds max 基本操作	对移动✥、旋转↻、比例缩放▢以及具有复制功能按钮的应用	30%	

> **章前导读**
>
> 灵活地控制视图是使用 3ds max 进行效果图制作的前提,为了让大家熟悉并掌握视图控制操作,下面将打开配套素材压缩包中的"餐桌"文件进行练习,如图 1.1 所示。

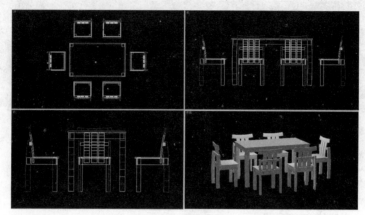

图 1.1 视图控制

创建相机后如何将透视图设置为相机视图？如何最大化显示顶视图,并且缩放顶视图中物体的大小？本章将重点介绍。

1.1 3ds max 软件介绍

3ds max 是目前国内外用户群最大的三维制作软件,它广泛应用于广告、影视、工业设计、建筑设计、游戏开发等领域,在同类软件中市场占有率最高,并且连续多次获得国际大奖。

1. 3ds max 简介

20 世纪 90 年代初,Discreet logic 公司在 siggraph 发布了第一个可在 PC 上使用的三维制作软件——3D Studio,意思是三维制作室,开始进入 3D 领域。这个三维软件基于 DOS 平台,对硬件要求很低,操作简单,使普通消费者不再认为三维制作是个可望而不可即的事情。在此之前,三维动画似乎都是图形工作站(SGI)的宠儿。此后该软件不断升级,现在已升级为 3ds max 9.0。

随着 PC 硬件的不断更新、升级,与之相应的操作系统也发生了彻底的变革。Windows 视窗的出现,宣告了 DOS 时代的结束。那些运行于 DOS 环境的软件也就失去了原来的魅力,这当中就有 3D Studio。

Autodesk 公司将 Discreet logic 公司收购,并且与 Kinetix 公司合并,成立了 Discreet 公司。2000 年底,Discreet 公司公布了 3D Studio Max 最新版本 4.0,并将其更名为 3ds max 4.0,和以前的版本相比,3ds max 4.0 主要在 4 个方面进行了增强：①操纵性能得到极大提高；②增强渲染效果；③改进角色动画；④增强游戏制作的支持。

在随后的几年里，3ds max 先后升级到 5.0、6.0、7.0、8.0、9.0 版本，每一个版本的升级都包含了许多革命性的技术更新。

2. 3ds max 9.0 的主要功能

除了 64 位支持、全新的光照系统、更多着色器和加速渲染能力，3ds max 9.0 还提供以下功能，以最大化核心性能、生产力和制作流程效率。

(1) 一套可添加到 3ds max 中定制装备和控制器上的分层混合系统。
(2) 线框与边缘显示的最优化，可在视图中得到更快的反馈。
(3) 可保存并加载到步迹动画(Bipeds)上的 XAF 文件，使定制装备输入输出信息更加轻松。
(4) 增强的头发和衣服功能，包括在视图中设计发型的能力。
(5) 点缓存(Point Cache)能将网格变形制作成文件，进行快速渲染。
(6) 通过 BFX 文件格式改善与 Autodesk Maya 的兼容性。

因为 Windows XP 系统操作简单，并且 3ds max 在其上的运行效率更高，速度更快，所以推荐使用 Windows XP 操作系统。可以使用 Photoshop、Illustrator、AutoCAD 等软件制作出不同格式的文件，再导入 3ds max 中使用。

1.2 3ds max 9.0 界面介绍

3ds max 9.0 的工作界面总体上遵循 Windows 窗口风格，有标题栏、菜单栏和工具栏等，如图 1.2 所示。下面对其各部分进行讲解。

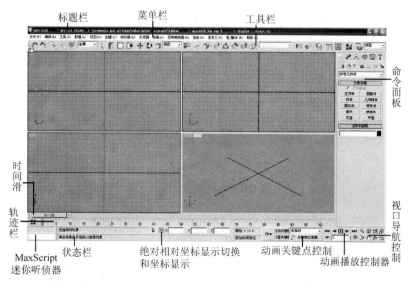

图 1.2　3ds max 9.0 的工作界面

1. 标题栏

与其他软件的标题栏一样，3ds max 9.0 的标题栏用于显示软件的名称、打开的文件名称，还包括最小化、最大化、还原、关闭等按钮。

2. 菜单栏

3ds max 的菜单栏位于标题栏的下方，提供用于文件管理、编辑修改、寻找帮助的菜单和命令。其包括文件、编辑、工具、群组、视图、创建、修改器、反应器、动画、图表编辑器、渲染、自定义、最大脚本和帮助 14 个下拉菜单。

菜单中的命令项目如果带有"…"省略号，表示会弹出相应的对话框，带有小三角形箭头则表示还有次一级菜单，有快捷键的命令右侧显示快捷键的按键组合。

3. 工具栏

工具栏位于菜单栏的下方，由一个个方形按钮组成，如图 1.2 所示。在 3ds max 默认视图中用大图标显示，因此在分辨率为 1024×768 的情况下，不能完全显示所有工具按钮。要想查看工具栏上的其他按钮，可将鼠标置于工具栏空白位置，待鼠标变成手形时，按住鼠标左键并在水平方向拖动，显示更多工具按钮，如图 1.3 所示。

图 1.3　3ds max 9.0 的工具栏

工具栏上的按钮非常多，要想了解某个按钮的功能，将鼠标移至按钮位置，其尾部就会出现该按钮的英文提示。另外，某些按钮右下角带有小三角形符号的，表明该按钮还包含其他相关的多重按钮，用鼠标按住此按钮不放，展开其他按钮，拖动鼠标就可选择它们。

4. 命令面板

在整个界面中，命令面板是一个十分重要的工作区，它是 3ds max 9.0 的核心，集中了绝大多数的命令和工具。

命令面板按照一定的结构层次来安排，在最上层安排了一组图标类别，分别代表创建如图 1.4 所示、修改如图 1.5 所示、层级如图 1.6 所示、运动如图 1.7 所示、显示如图 1.8 所示和程序如图 1.9 所示 6 类主题命令。

图 1.4　"创建"命令面板

图 1.5　"修改"命令面板

图 1.6 "层级"命令面板

图 1.7 "运动"命令面板

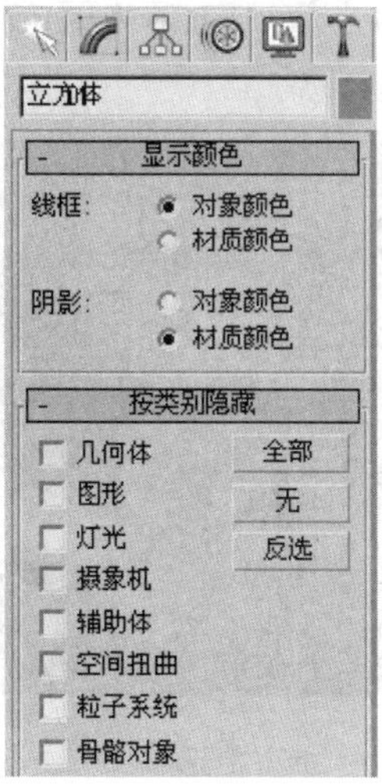

图 1.8 "显示"命令面板

图 1.9 "程序"命令面板

用鼠标切换这 6 个命令，每个命令面板下有相应的命令内容，有些命令还有命令分支，其中"创建"命令面板层次最深。进入 3ds max 时，系统默认命令面板为"创建"命令面板。

5. 工作视图与视图控制区

3ds max 9.0 对工作视图作了进一步改进，配合视图控制工具，操作起来更加方便。

1) 工作视图

3ds max 9.0 默认的工作视图是四视图，分别是顶视图、前视图、左视图和透视图。每个工作视图都可变化为其他视图，如底视图、右视图、后视图、用户视图、相机视图(只有在建立相机后才可使用)、聚光灯视图(只有在建立聚光灯后才可使用)、轨迹视图(一般用于动画编辑)。

切换视图有以下几种方法。

(1) 按快捷键，一般为视图英文单词的第一个字母缩写，如 B——Bottom(底视图)、R——Right(右视图)、C——Camera(相机视图)、U——User(用户视图)。

(2) 将鼠标移至每个视图左上角视图名称处，单击鼠标右键，从快捷菜单中选择 Views 菜单后面相应的命令视图。

(3) 选择"自定义"|"视图配置"命令，打开相应的视图配置对话框，选择"布局"选项卡，在要改变的视图中单击鼠标左键，弹出快捷菜单，从中选择要更改的视图命令。

2) 视图控制区

在屏幕的右下角，有 8 个控制视图的工具按钮(有些按钮中还包含多重按钮)，如图 1.10 所示，可以用来对视图进行各种操作，下面结合本章开始的引例说明各按钮的用法。

各按钮的含义如下。

(1) 缩放：在当前视图中上下拖动鼠标，可以将当前视图(顶视图)放大或缩小，如图 1.11 所示。

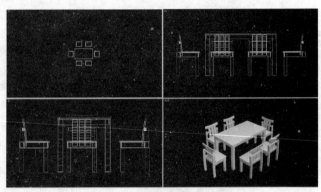

图 1.10　视图控制区　　　　图 1.11　缩小顶视图

(2) 同步缩放：在任意视图中上下拖动鼠标，可同时将所有的视图进行放大或缩小，如图 1.12 所示。

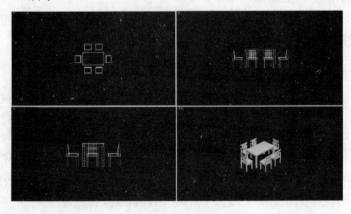

图 1.12　缩小所有视图

(3) ⊡扩展放大：可将当前视图按照最大化方式来显示，如图 1.13 所示。

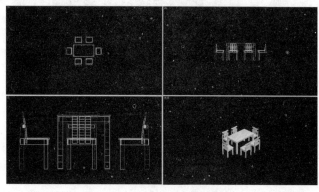

图 1.13　扩展放大左视图

⊡最大化显示工作视图中的被选物体：可将当前视图中的被选物体按照最大化方式来显示，如图 1.14 所示。

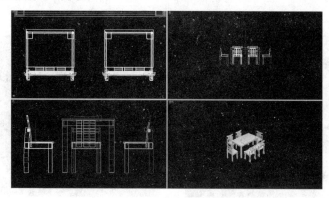

图 1.14　扩展放大顶视图的被选物体

(4) ⊞全部扩展放大：所有视图中的所有物体均按最大化方式显示，如图 1.15 所示。

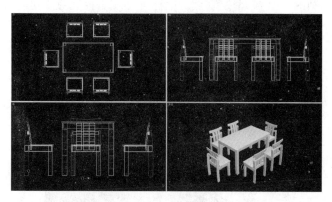

图 1.15　最大化显示所有视图中的所有物体

⊞最大化显示所有视图中的被选物体：可将所有视图中的被选物体按照最大化方式来显示，如图 1.16 所示。

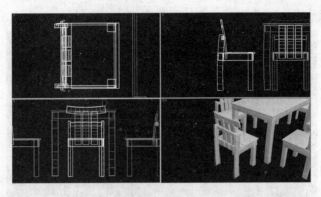

图 1.16 最大化显示所有视图中的被选物体

(5) ⌕区域放大：只对视图中被框住的区域进行放大，可连续使用，该按钮只对正交视图有效，如图 1.17 所示。

(6) ✋平移：在任意视图拖动鼠标，可以上下左右移动视图窗口，如图 1.18 所示。

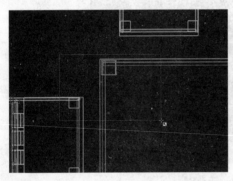
图 1.17 区域放大

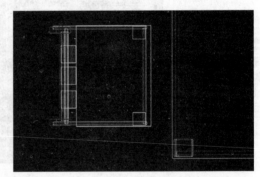
图 1.18 平移视图

(7) ⟲弧形旋转：主要用于透视图和用户视图，在旋转的时候，视图中会出现一个黄色圆圈，圆圈上有 4 个控制点。鼠标置于左右控制点上可将视图按水平方向旋转，置于上下控制点上可将视图进行上下翻转，置于圆圈内部可按任意角度进行旋转，置于圆圈外部，可将场景进行倾斜，如图 1.19 所示。

图 1.19 弧形旋转

(8) ![icon]最小/最大显示切换：将当前视图切换为单屏(最大)或四屏(最小)显示。

6. 状态栏与提示栏

状态栏与提示栏位于屏幕的最底端，如图 1.20 所示。

图 1.20　状态栏与提示栏

状态栏有一个锁形的小按钮![icon]，用来锁定场景中的被选择对象，以防止意外地选择其他对象。状态栏还提供了当前鼠标箭头和坐标位置以及网格使用的距离单位。单击![icon]按钮，它将变为![icon]图标。前者表示使用绝对坐标，即使用世界坐标对物体进行变换(移动、旋转和缩放)显示，后者表示使用相对坐标来变换物体。

7. 动画控制区

动画控制区位于视图窗口的下端，如图 1.21 所示。

图 1.21　动画控制区

动画控制区中有一个滑块，设定动画后，拖动滑块或单击"播放"按钮，可以观察场景动画的效果，动画控制区的右下端还有一个动画记录开关和动画播放控制按钮，如图 1.22 所示。

图 1.22　动画记录开关和播放控制按钮

1.3　3ds max 9.0 的空间坐标系统

3ds max 创造的是一个虚拟的三维空间，为了能准确地表达设计意图，系统提供了一个非常重要的概念——空间坐标系统。不同的坐标系统具有不同的表现形式，因此在不同的空间坐标系统中进行相同的操作可能得到不同的结果，这就要求必须熟悉各种空间坐标系统的概念，清醒地知道自己身在何处，这也是初学 3ds max 最困难的地方，下面就空间坐标系统做一些理论上的介绍。

1. 相关术语

1) 变换(Transform)

变换包括![icon]移动、![icon]旋转、![icon]比例缩放，可以将这 3 种变换应用到所选择的物体上。

2) 轴(Axis)

在对物体进行移动、旋转、比例缩放变换中，决定移动、旋转、比例缩放的方向。在 3ds max 中以 X、Y、Z 轴来定义轴向，如图 1.23 所示，对于 NURBS 曲面，以 UV 轴来定义轴向。

3) 变换坐标系统(Transform Coordinate System)

在 3ds max 的三维空间中，X、Y、Z 这 3 轴以 90 度角的正交方式存在，每一个位置都有相对应的坐标值。如图 1.24 所示茶壶在空间中的位置和茶壶的参数。

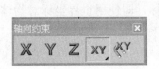

图 1.23 "轴向约束"工具栏

图 1.24 茶壶的位置与参数

4) 坐标中心(Coordinate Center)

空间 X、Y、Z 这 3 轴的交点，深色线交叉点即原点(0，0，0)的位置，如图 1.25 所示。

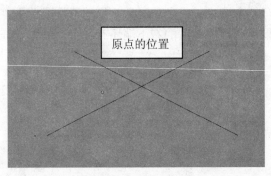

图 1.25 原点的位置

5) 枢轴点(Pivot)

在 3ds max 中，所有对象物体都有枢轴点，它可以代表物体的局部中心和局部坐标系统。选择"层级"面板的"轴心点"命令，可以调整物体的枢轴点位置及方位，如图 1.26 所示。

图 1.26 调整物体的枢轴点

2. 变换管理按钮

在任何坐标系统下对物体应用变换时,肯定离不开坐标轴心和轴向约束按钮,通过工具栏上提供的按钮工具,可以方便地执行各种操作,如图1.27所示。

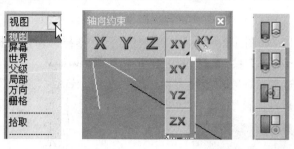

图1.27 坐标系统类型、坐标轴向控制、坐标轴心控制

3ds max 9.0提供了8种空间坐标系统,下面分别介绍。

(1) 视图坐标系(View):它是一个综合的坐标系,当在正交视图中变换对象时,依据的是屏幕坐标系;当在非正交视图中变换对象时,依据的是世界坐标系。

(2) 屏幕坐标系(Screen):变换操作依据与屏幕平行的主网格平面进行,任何视图的主网格平面都由水平的X轴与竖直的Y轴来确定,景深方向都由Z轴来确定,所以不同视图的X轴、Y轴、Z轴的含义是不相同的。

(3) 世界坐标系(World):它是一个固定不变的坐标系,从对象的前方观察,水平方向为X轴、竖直方向为Z轴、景深方向为Y轴。

(4) 父物体坐标系(Parent):与下面的Pick坐标系功能相同,但它针对的是所连接物体的父物体。

(5) 局部坐标系(Local):使用对象自身的坐标系对其进行变换操作。

(6) 万向坐标系(Gimbal):类似局部坐标系,但它旋转的三轴并不要求是互相垂直的。当用户旋转欧拉坐标系中的X、Y、Z任一轴时,只有被旋转的轴轨迹发生变化,其他两轴保持不变,这更有利于编辑功能曲线。

(7) 网格坐标系统(Grid):在3ds max中有一种可以自定义的网格物体,无法在渲染中看到,但具备其他物体属性,主要用来做造型和动画的辅助,这个坐标系统就是以它们为中心的坐标系统。

(8) 拾取坐标系(Pick):在变换操作前,先在场景中选取一个对象,然后以这个对象的坐标系作为变换操作的坐标系。

1.4 3ds max 9.0基本操作

1.4.1 建立与管理场景

当打开3ds max 9.0程序时,就启动了一个未命名的新场景。可以从"文件"菜

单中选择"新建"或"重置"命令来启动一个新场景；也可以选择"文件"|"打开"命令来使用一个原有的场景；还可以利用"保存"命令对创建的场景进行保存。

1. 新建场景

选择"文件"|"新建"命令，可以清除当前场景的内容，而无需更改系统设置。执行命令后会弹出，如图 1.28 所示"新建场景"对话框。可以根据需要选择相应的选项，然后单击"确定"按钮，如图 1.28 所示。

如果场景中创建了对象，但没有保存场景文件，进行"新建"操作时，会弹出如图 1.29 所示"是否保存场景"对话框。

图 1.28　"新建场景"对话框

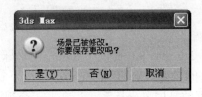
图 1.29　"是否保存场景"对话框

单击"是"按钮，将弹出"保存"对话框，对文件进行保存；单击"否"按钮，对文件不进行保存；单击"取消"按钮，取消操作，不进行新建场景。

2. 重置场景

选择"文件"|"重置"命令可以清除所有数据并重置程序设置。使用"重置"命令与退出和重新启动 3ds max 的效果相同。

3. 打开场景

选择"文件"|"打开"命令，从"打开文件"对话框中加载场景文件(MAX 文件)、角色文件(CHR 文件)或 VIZ 文件(DRF 文件)。

"打开文件"对话框具有标准的 Windows 文件打开控件。右边的缩略图区域显示场景预览，如图 1.30 所示。在左边的列表框中选择文件，单击"打开"按钮即打开一个场景文件。

图 1.30　"打开文件"对话框

4. 打开最近的场景

选择"文件"|"打开最近的"命令，将显示最近打开和保存文件的列表，列表按时间顺序进行排列，最近的文件列在首位。使用"打开最近的"命令能够快捷地打开最近编辑和使用过的文件。

5. 合并场景

选择"文件"|"合并"命令，可以将其他场景文件中的对象引入到当前场景中。如果要将整个场景与其他场景组合，也可以使用"合并"命令，"合并-扳手"对话框如图 1.31 所示。

当一个或更多的合并对象与场景中的对象名称相同时，会弹出如图 1.32 所示"重复名称"对话框。

图 1.31 "合并-扳手"对话框　　　　图 1.32 "重复名称"对话框

合并：使用右边字段中的名称合并对象。为了避免两个对象同名，在处理前可先输入一个新名称。

跳过：不合并对象。

删除原有：在合并对象前，删除现有对象。

自动重命名：将对象自动命名，并合并对象。

应用于所有重复情况：处理后续所有同名的合并对象，采用的方式与为当前对象指定的方式相同，不会再出现警告。如果重命名当前对象，则该选项不可用。

取消：取消合并操作。

当合并对象的材质与场景中的材质名称相同时，会弹出如图 1.33 所示"重复材质名称"对话框。

重命名合并材质：为合并的材质定义名称。

使用合并材质：将合并材质的特性指定给场景中的同名材质。

使用场景材质：将场景材质的特性指定给合并的同名材质。

自动重命名合并材质：自动将合并材质重命名为新的名称。根据下一个可用的材质编号使用材质编号的名称。

应用于所有重复情况：处理后续所有同名的合并对象，采用的方式与为当前对象指定的方式相同。

6. 保存和另存场景

1) 保存

选择"文件"|"保存"命令，可以保存场景文件。

使用"保存"命令可通过覆盖上次保存的场景更新当前的场景。如果先前没有保存场景，则此命令的操作方式与"文件"|"另存为"命令相同。

2) 另存为

使用"另存为"命令可以采用不同的文件名保存当前的场景文件，或在不同的目录下保存相同的文件名，如图1.34所示。

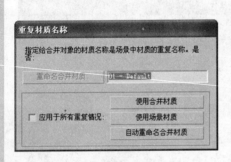

图 1.33 "重复材质名称"对话框

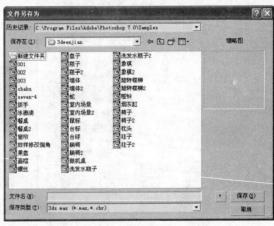

图 1.34 "文件另存为"对话框

对话框上方的"历史记录"下拉列表框和"保存在"下拉列表框用来设置保存的路径，"文件名"文本框用来设置保存的文件名，在设置文件名称时，最好给文件名一个易懂的名字，这样便于查找文件。

1.4.2 选择对象

3ds max 9.0 中的大多数操作都是对场景中的选定对象执行的，必须在视口中选定对象，然后才能应用命令。

1. 直接选择对象

直接选择对象是指通过鼠标在对象上单击来选择对象的方法，最基本的选择技术是使用鼠标，或鼠标与按键配合使用。直接选择工具包括工具栏中的 (选择对象)、 (选择并移动)、 (选择并旋转)、 (选择并比例缩放)4 种。被选择的对象会出现白色边界框，用来表示该对象被选中。

2. 按名称选择对象

单击工具栏上的█(按名称选择)按钮，可在"选择对象"对话框中按名称选择对象，如图 1.35 所示。

3. 区域选择对象

借助于区域选择工具拖曳鼠标即可通过轮廓或区域选择一个或多个对象，具体内容如下。

█矩形区域：在视图的空白位置处拖曳鼠标，可以产生矩形选择区域。
█圆形区域：在视图的空白位置处拖曳鼠标，可以产生圆形选择区域。
█围栏区域：在视图中多次单击鼠标左键，可以建立任意形状的多边形选择区域。
█套索区域：在视图中拖曳鼠标，可以建立任意形状的曲线选择区域。
█绘制区域：可以通过随意拖曳鼠标绘制选择区域来选择多个对象。

如果当前的区域选择模式为交叉选择█，则选择区域内或被虚线框挂到的对象都会被选中；如果当前的区域选择模式为窗选█，则只有在选择区域内的对象才会被选中。按住 Ctrl 键可以增加选择对象，按住 Alt 键可以将被选择的对象从选择集中删除。

4. 选择过滤器

当场景中包含了几何体、灯光、图形、相机等多种类型的对象时，可以通过过滤功能来选择对象，如图 1.36 所示。使用过滤功能可以进一步缩小选择范围，使操作更容易实现。

图 1.35 "选择对象"对话框

图 1.36 选择过滤器

1.4.3 对象的变换操作

1. 选择并移动

"选择并移动"按钮█用于选择对象并对其进行移动操作。只要激活该按钮，便可根据特定的坐标系与坐标轴对选择的对象进行移动操作。操作时要注意当前坐标轴的选择，当前坐标轴显示为黄色，如图1.37所示X轴便是当前坐标轴。

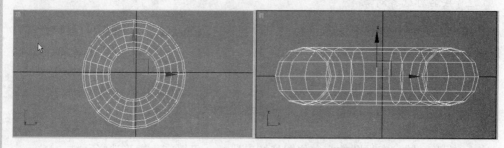

图1.37 当前坐标轴

选择某个对象后，在 ✥ 按钮上单击鼠标右键，则弹出"移动变换输入"对话框，在该对话框中输入数值，可以非常精确地移动对象的位置，如图1.38所示。

2. 选择并旋转

"选择并旋转"按钮 ↻ 用于选择对象并对其进行旋转操作，使用该工具时应注意坐标轴的识别。选择了某个对象后，激活 ↻ 按钮并在按钮上单击鼠标右键，则弹出"旋转变换输入"对话框如图1.39所示。在该对话框中输入数值，可以精确地旋转对象。

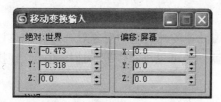 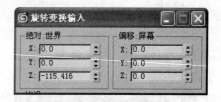

图1.38 "移动变换输入"对话框　　　　图1.39 "旋转变换输入"对话框

3. 选择并缩放

鼠标左键单击"选择并均匀缩放"按钮 ▫ 并按住不放，可以看到两个隐藏按钮——"选择并非均匀缩放"按钮 ▫ 和"选择并挤压"按钮 ▫。创建造型时使用它们可以对造型进行缩放操作。

选择并均匀缩放 ▫：在3个轴向上进行等比例缩放，只改变对象的体积，不改变其形态。

选择并非均匀缩放 ▫：在指定的坐标轴上进行不等比缩放，其体积与形态都会发生变化。

选择并挤压 ▫：在指定的坐标轴上做挤压变形，保持原体积不变，形态发生变化。

分别在3个按钮上单击鼠标右键，在弹出的"缩放变换输入"对话框如图1.40所示，输入数值，可以精确地缩放对象。

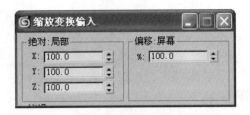

图 1.40 "缩放变换输入"对话框

【应用案例】

茶壶的变换操作。

(1) 选择菜单栏的"文件"|"复位"命令,将系统重新设定。

(2) 在"几何体"创建命令面板中选择"标准几何体"命令,在"对象类型"卷展栏中单击 茶壶 按钮,在顶视图中创建一个茶壶,形态如图1.41所示。

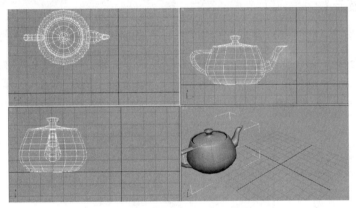

图 1.41 在视图中创建茶壶

【特别提示】

为了进行后面的操作练习,不要把茶壶创建在原点(0,0,0)上。

(3) 茶壶处于被选择状态时,用鼠标右键单击 ✥,弹出"移动变换输入"对话框,如图1.42所示,"绝对值:世界"的X、Y、Z坐标值是(-50.0,-50.0,0.0)。

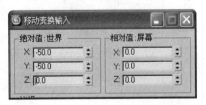

图 1.42 改变茶壶位置前的数值

(4) 将"绝对值:世界"的X、Y、Z坐标值改为(0.0,0.0,0.0),茶壶将移动到坐标原点上,如图1.43所示。

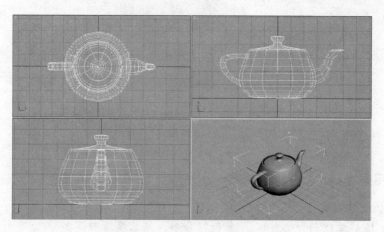

图 1.43 改变数值后茶壶位置的变化

> 【特别提示】
>
> 尝试着改变"相对值:屏幕"的 X、Y、Z 坐标值,观察茶壶位置的变化。

(5) 茶壶处于被选择状态时,用鼠标右键单击 ↻,弹出"旋转变换输入"对话框,如图 1.44 所示,"绝对值:世界"的 X、Y、Z 坐标值是(0.0,0.0,0.0),"相对值:屏幕"的 X、Y、Z 坐标值是(0.0,0.0,0.0)。

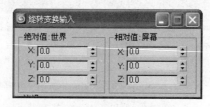

图 1.44 改变茶壶角度前的数值

(6) 单击鼠标右键激活前视图,将"相对值:屏幕"的 X、Y、Z 坐标值改为(0.0,0.0,-15.0),茶壶将顺时针旋转 15 度,如图 1.45 所示。

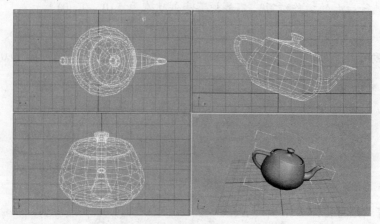

图 1.45 改变数值后茶壶角度的变化

（7）茶壶处于被选择状态时，用鼠标右键单击，弹出"缩放变换输入"对话框，如图 1.46 所示。

图 1.46　调整缩放变换输入的数值

（8）改变"绝对值：局部"、"相对值：屏幕"的数值，观察茶壶的形态变化。

【案例点评】

本案例将让大家了解如何准确地对物体进行选择并移动、选择并旋转、选择并缩放的变换操作。

1.4.4　克隆对象

使用 3ds max 9.0 可以在变换操作期间快速创建一个或多个选定对象的多个版本，通过在移动、旋转或缩放选定对象时按下 Shift 键，可以完成此操作，"克隆选项"对话框如图 1.47 所示。

1. 克隆方式

在 3ds max 9.0 中，通常使用以下几种克隆方式进行复制。

（1）选择"编辑"|"克隆"命令，将选择对象在原位置复制一个。

（2）在 移动、 旋转、 缩放选择对象时按住 Shift 键，可以克隆多个对象，如图 1.48、图 1.49、图 1.50 所示。复制出的对象会产生位置、角度或比例上的变化。

图 1.47　"克隆选项"对话框

图 1.48　移动+Shift 复制对象

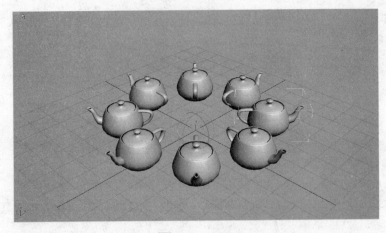

图 1.49　旋转+Shift 复制对象

(3) 单击 按钮可以镜像复制一个对象，如图 1.51、图 1.52 所示。

图 1.50　缩放+Shift 复制对象　　　　　图 1.51　"镜像：屏幕坐标"对话框

图 1.52　镜像复制结果

(4) 单击"附加"工具栏的"阵列"按钮 或选择"工具"|"阵列"命令，可以将选择对象在多个空间维度进行复制，如图 1.53、图 1.54 所示。

(5) 单击"附加"工具栏的"间隔"按钮 或选择"工具"|"间隔工具"命令，可以基于当前选择沿样条线分布对象，如图 1.55 所示。

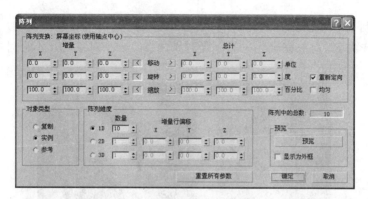

图 1.53 "阵列"对话框

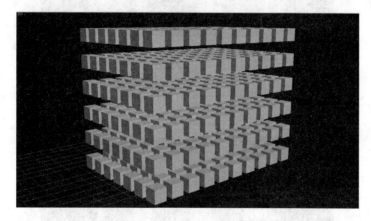

图 1.54 阵列复制

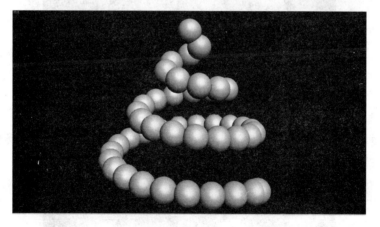

图 1.55 间隔工具

(6) 单击"附加"工具栏的"克隆并对齐"按钮，或选择"工具"|"克隆并对齐"命令，可以基于当前选择将原对象分布到目标对象的第二选择上。

2. 克隆功能的区别

所有的克隆命令面板中，均有相同的复制、实例、参考选项，它们决定着复制对象与原对象之间的关系。

1) 复制

创建一个与原对象完全无关的克隆对象，修改一个对象时，不会对另一个对象产生影响，如图 1.56 所示。

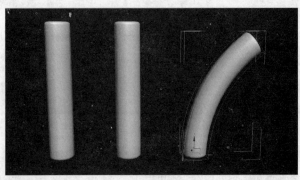

图 1.56 "复制"产生与原对象完全无关的克隆对象

2) 实例

创建原始对象的完全可交互克隆对象，修改实例对象或原始对象，其他对象也会跟随改变，如图 1.57 所示。

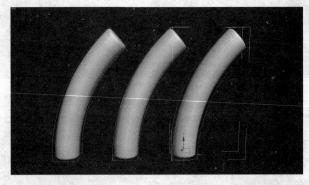

图 1.57 "实例"复制创建与原对象完全可交互克隆对象

3) 参考

改变复制物体，原始对象不会跟随改变，但改变原始对象，复制物体跟随改变，既有关联性，又有独立性，如图 1.58 所示。

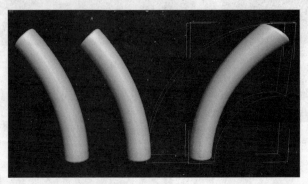

图 1.58 "参考"复制产生的物体

1.4.5 捕捉对象

使用捕捉可以控制创建、移动、旋转和缩放对象。从主工具栏上的按钮可以访问程序中的捕捉功能，如图 1.59 所示。

1. "捕捉切换"按钮

"捕捉切换"按钮提供捕捉活动状态位置的 3D 空间控制范围。

(1) 2D 捕捉：光标仅捕捉到活动构建栅格，包括该栅格平面上的任何几何体。

(2) 2.5D 捕捉：光标仅捕捉活动栅格上对象投影的顶点或边缘。

(3) 3D 捕捉：光标直接捕捉到 3D 空间中的任何几何体，3D 捕捉用于创建和移动所有尺寸的几何体，而不考虑构造平面。

右键单击该按钮可弹出"栅格和捕捉设置"对话框，如图 1.60 所示，可以更改捕捉类别和设置其他选项。

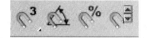

图 1.59 "捕捉功能"按钮

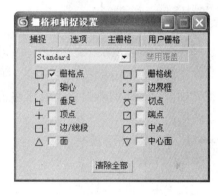

图 1.60 "栅格和捕捉设置"对话框

这些是标准捕捉类型，用于栅格、网格和图形对象，当非栅格捕捉类型处于活动状态时，优先于"栅格点"和"栅格线"捕捉。

2. "角度捕捉切换"按钮

"角度捕捉切换"按钮确定多数功能的增量旋转，包括标准"旋转"变换。对象以设置的增量围绕指定轴旋转。右键单击"角度捕捉切换"按钮，可以显示"栅格和捕捉设置"对话框，在"选项"选项卡，可以设置角度增量的值，如图 1.61 所示。

3. "百分比捕捉切换"按钮

"百分比捕捉切换"按钮通过指定的百分比增加对象的缩放，在"栅格和捕捉设置"对话框中，可以设置捕捉百分比增量，如图 1.62 所示。

4. "微调器捕捉切换"按钮

使用"微调器捕捉切换"按钮可以设置 3ds max 中所有微调器的单个单击增加或减少值。

图1.61 设置角度增量的值

图1.62 设置捕捉百分比增量

右键单击主工具栏上的"微调器捕捉切换"按钮，或选择"自定义"|"首选项设置"命令，再打开"常规"面板，微调器捕捉的两个控件位于此面板的"微调器"组中，如图1.63所示。

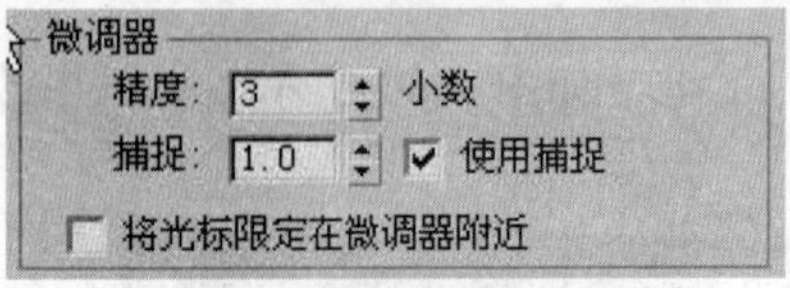

精度：设置在微调器的编辑字段中显示的小数位数，范围从0到10。

捕捉：设置3ds max中所有微调器的增量值和递减值。

图1.63 微调器捕捉的控件

使用捕捉：将微调器切换为启用和禁用状态，与在工具栏上单击 按钮的功能一样。

将光标限定在微调器附近：当拖动光标来调整微调器值时，将其限定在微调器的附近区域。

1.4.6 单位设置

单位设置用于度量场景中的几何体。选择"自定义"|"单位设置"命令，弹出"单位设置"对话框，如图1.64所示。

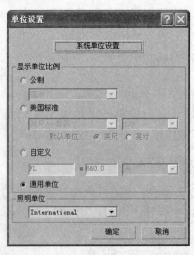
图1.64 "单位设置"对话框

"单位设置"对话框建立单位显示的方式，通过它可以在通用单位和标准单位间进行选择；也可以创建自定义单位，这些自定义单位可以在创建任何对象时使用。

1.5 综合应用案例——3ds max 9.0 基本操作练习

本章主要介绍了 3ds max 9.0 的基本知识，包括工作环境、文件的基本操作等内容，刚接触该软件的人如果想要熟练操作它，就需要多加练习。

在效果图的制作中，掌握基本操作是非常重要的技能，本练习重点学习文件的基本操作，包括打开、合并、保存等操作。首先打开素材压缩包中的"餐桌.max"文件，然后使用"合并"命令将"餐椅.max"文件合并进来，最终效果图如图 1.65 所示。

图 1.65　模型效果

【知识链接】

创建家具时注意家具的比例与尺度等人体工程学方面知识的应用，可查阅有关书籍、资料，注意整件家具的比例。

(1) 启动 3ds max 9.0 中文版软件。

(2) 选择"文件"|"打开"命令，在弹出的"打开文件 Open File"对话框中，选择素材压缩包中的"餐桌.max"文件，如图 1.66 所示。

图 1.66　"打开文件 Open File"对话框

【特别提示】

初学者创建模型时的操作要在平面正投影视图中进行,不要在透视图中进行,透视图可用于观察创建物体的视觉效果。

(3) 单击对话框中的 打开(O) 按钮,将选择的文件打开,如图1.67所示。

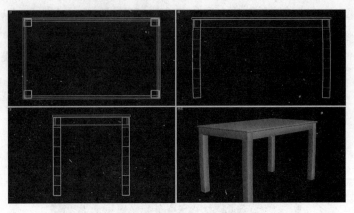

图1.67 打开的"餐桌.max"文件

(4) 选择"文件"|"合并"命令,在弹出的"合并文件"对话框中选择素材压缩包中的"餐椅.max"文件,如图1.68所示。

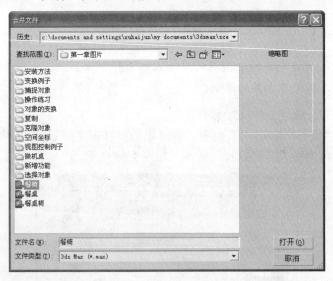

图1.68 "合并文件"对话框

(5) 单击 打开(O) 按钮,则弹出"合并-餐椅.max"对话框,如图1.69所示。

(6) 单击对话框右方的 全部 按钮,选中列表中的全部复选框,然后单击 确定 按钮,将选择的内容全部合并到场景中。

(7) 由于合并的对象与场景中的对象存在重名现象,因而合并文件时弹出了"名称复制"对话框,选中"指定到全部复本"复选框,如图1.70所示。

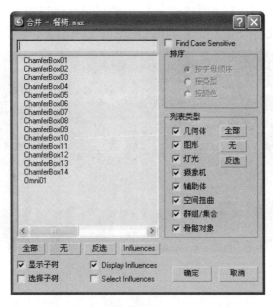

图 1.69 "合并-餐椅.max"对话框

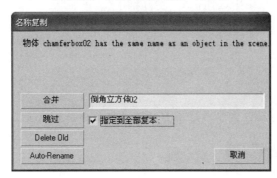

图 1.70 "名称复制"对话框

(8) 单击"重复名称"对话框中的"自动重命名"按钮,使重名对象合并到场景中后自动重新命名。

(9) 由于合并对象的材质与场景中的对象的材质存在重名现象,这时会弹出"重复材质名称"对话框,选中"指定到全部复本"复选框,如图 1.71 所示。

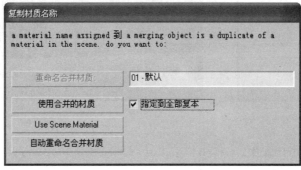

图 1.71 "重复材质名称"对话框

(10) 单击"使用场景材质"按钮,将合并对象的材质以场景中的同名材质替换,这时"餐椅.max"文件合并到了场景中,如图 1.72 所示。

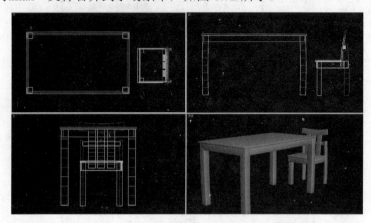

图 1.72 合并后的造型

(11) 选择场景中的椅子,单击主工具栏上的镜像 按钮,在"镜像"对话框中的"镜像对称轴"选项组中选择"X"坐标轴,在"克隆选择"选项组中选中"关联"单选按钮,单击 确定 按钮,如图 1.73 所示。将镜像复制的椅子移到合适的位置,如图 1.74 所示。

➡ 【特别提示】

注意在镜像与旋转复制时坐标系与轴心点的选择使用。

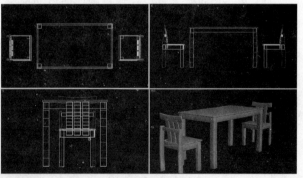

图 1.73 "镜像:屏幕坐标"对话框   图 1.74 镜像后的造型

(12) 选择场景中的椅子,使用移动工具 同时按住 Shift 键,复制一把椅子,如图 1.75 所示。

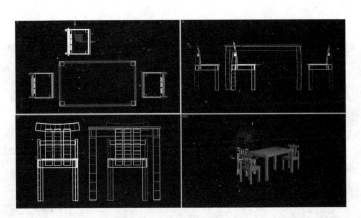

图 1.75 复制椅子后的造型

(13) 选择场景中的椅子，用旋转工具 ⟳ 调整椅子的方向 90°，如图 1.76 所示。

➡ 【特别提示】

可以单击角度捕捉按钮 △ 准确调整角度方向。

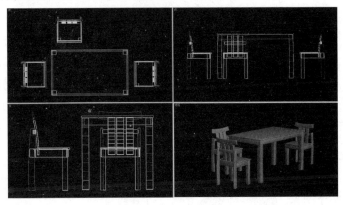

图 1.76 旋转椅子后的造型

(14) 参考前面的方法，继续使用移动、旋转或镜像工具，复制餐椅，最后效果如图 1.77 所示。

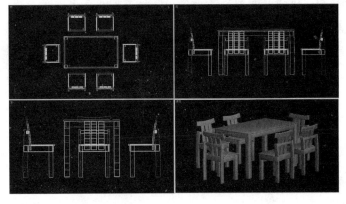

图 1.77 复制完成后的造型

(15) 单击工具栏中的按钮,快速渲染透视图,渲染效果如图 1.78 所示。

图 1.78　最终渲染效果

(16) 把所创建的模型保存为 "餐桌椅" 文件,以备以后调用。

【案例点评】

本案例主要目的是让大家熟悉 3ds max 的操作,要按练习中的步骤完成这个例子,大家要了解常用按钮的功能与使用方法,后面还将经常用到这些功能。

本 章 小 结

　　3ds max 9.0 的操作界面宏大而不失简约,灵活中透着实用。屏幕布局多样化,可为不同用户设计不同的布局风格;模块化的分层命令面板和下拉分级菜单的设计,为用户提供多种访问命令途径的同时,也加快了用户对整个软件的理解和使用;视图的各种改变与操作,多样化的物体显示方式,工具按钮和各种快捷键的使用,可以让用户随心所欲;多种空间坐标系统的应用,可以让用户清醒地知道自己身在何处,在变幻莫测的三维空间永不迷失方向。

　　总之,3ds max 9.0 是一个充满灵气和个性的软件,本章的目的就是引导读者尽快适应它的灵气和个性。

习　　题

1. 填空题

(1) 视图控制区中的 ＿＿＿＿＿＿＿＿＿ 按钮用于将选择的对象以最大化的方式

显示在视图中,其快捷键为 Z。

(2) 命令面板位于视图区的右侧,由 6 个标签面板组成,从左向右依次为 _____、_____、_____、_____、_____和_____。

2. 简答题

(1) 3ds max 9.0 提供了多少种空间坐标系统?系统默认的是哪一种?

(2) 如何改变视图区的大小和视图配置?

(3) 复制物体的 3 种方法,即复制、实例、参考有何不同之处?

第 2 章 室内外构件的制作方法

教学目标

本章重点掌握在 3D 中创建标准几何模型、扩展几何模型、二维模型、复合模型的方法,以及相应参数的调整,掌握利用部分修改器来修改模型的命令,通过案例制作来加强对命令的理解,最终达到能够独立制作三维模型的能力和要求。

教学要求

能力目标	知识要点	权重	自测分数
了解几何体的创建及编辑多边形修改器的调整	创建几何体的方法、参数及修改	20%	
了解二维图形的创建及编辑样条线的调整	创建二维图形的方法、参数及修改	20%	
掌握复合物体模型的创建	创建复合物体的方法、参数及修改	20%	
能够熟练制作相关模型	利用多种建模方法创建模型	40%	

> **章前导读**

先来看看以下几个模型，如图 2.1 所示。

图 2.1 简单模式

在 3ds max 中，任何模型都是由简单的几何体构成的。在建模过程中，使用者像雕塑家一样利用各种办法雕出自己想要的模型。那么，在进行室内外设计的时候，电脑桌和沙发是如何创建的？类似的模型该如何完成？如何利用二维图形来创建立体模型，二维图形该如何调整？复杂的几何模型是如何创建的？

本章将重点介绍几种基础的建模方法，尽管是基础知识，但很实用。

2.1 "创建"命令面板的使用方法

"创建"命令面板是用来创建各种模型命令的面板，如图 2.2 所示。

1. 当前物体类别

当前物体类别包括 7 种类型，分别是几何体、图形、灯光、摄像机、辅助物体、空间扭曲物体、系统类型，如图 2.3 所示。

图 2.2 "创建"命令面板

图 2.3 当前物体类别工具

在创建几何体类型中单击下三角按钮可以找到其他创建命令，如图 2.4 所示。

2. 创建工具

创建工具在 3D 中非常丰富，利用它可以创建许多各种各样的模型，如创建"球体"，如图 2.5 所示。

 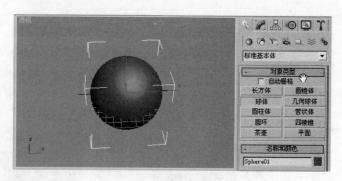

图 2.4 其他创建命令　　　　　图 2.5 创建"球体"

3. 名称和颜色

在创建模型成功以后，可以调整名称和颜色，如图 2.6 所示。

4. 创建方式

创建方式的不同，创建的表现方式也有所不同，如图 2.7 所示。

5. 键盘输入

利用键盘输入法可以控制模型创建时所在视窗的轴向和标准尺寸的模型，如图 2.8 所示。

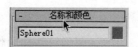  

图 2.6 模型可以更改名称和颜色　　图 2.7 创建方式　　图 2.8 键盘输入

6. 参数控制

"参数"卷展栏控制模型的基本参数。如制作"长方体"时，它的参数主要包括长度、宽度、高度，如图 2.9 所示。而制作"球体"时，它的主要参数则变成半径。

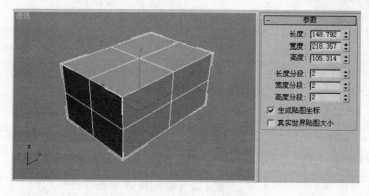

图 2.9 物体模型设置"参数"

【特别提示】

模型参数中都会有分段这样的参数，分段是3D中非常重要的概念，在模型修改时常常会增加段数来进行调整。另外，制作圆滑的模型可以增加段数来提高光滑程度，但段数的增加也会提高物体的面数，从而会影响电脑的计算速度。因此在调整模型的段数时，要适量地去调整，切不可一味地增加段数而忽略计算的速度，如图2.10所示。

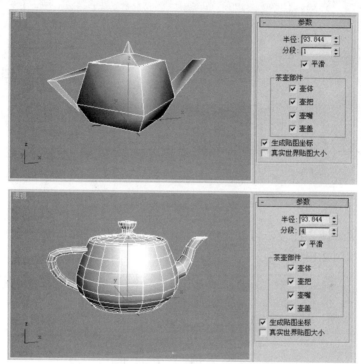

图2.10　不同的段数对模型的影响

2.2 标准几何体创建室内外物体模型

标准几何体包括"长方体"、"球体"和"柱体"等常见的几种基本几何体。这些几何体都可以通过参数的调节改变外观的大小，在学习的过程中，不仅应着重领会标准几何体的创建过程，而且还应充分发挥想象力与观察力，利用这些标准的几何体搭建一些日常生活中比较常见的造型。因为创建方法类似，因此将详细介绍几个标准几何形体的创建过程及各个参数的调节，其他几何体在学习的过程中可以举一反三。

2.2.1　创建长方体

单击"标准基本体"下方的"长方体"按钮，在透视窗中按下鼠标左键不放，拉出一个长方形的框，松开鼠标左键，这时已经生成了一个长方形的底面，上下移动鼠标，在透视窗中就能看到长方体的厚度了。在适当的位置单击鼠标，长方体创建成功，如图2.11所示。

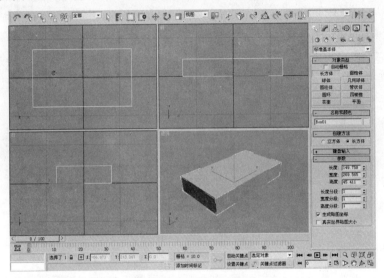

图2.11　长方体的创建

进入到"修改"面板，可以调整参数，如长、宽、高和长度分段、宽度分段、高度分段，如图2.12所示。

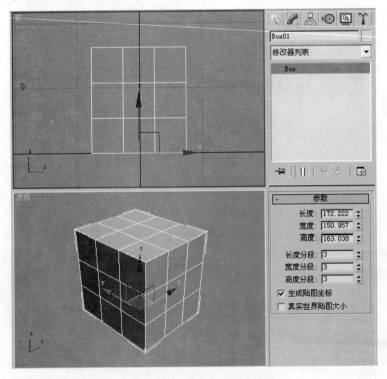

图2.12　修改参数

2.2.2 创建球体

单击"标准基本体"下方的"球体"按钮,在透视窗中按住鼠标左键不放,拉出球体形态,如图 2.13 所示。

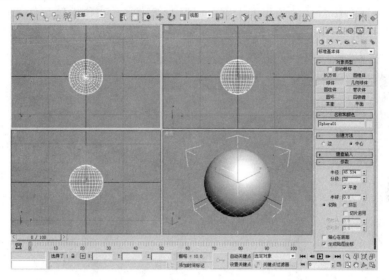

图 2.13 创建球体

2.2.3 创建环状几何体

单击"标准基本体"下方的"圆环"按钮,在透视窗中按住鼠标左键不放,拉出圆环形态,松开鼠标向内或向外推动鼠标,制作出圆环,在合适的地方单击鼠标左键,确定建立圆环,如图 2.14 所示。

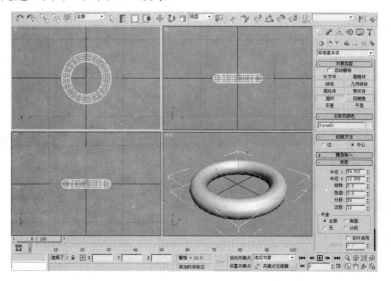

图 2.14 创建圆环

2.2.4 创建管状几何体

单击"标准基本体"下方的"管状体"按钮,在透视窗中按住鼠标左键不放,先创建出半径 1 的大小,松开鼠标再向内或向外拉出半径 2 的大小,单击鼠标确定并向上或向下拉出管状体的高度,单击鼠标左键确定,制作出管状体的形态出来,如图 2.15 所示。

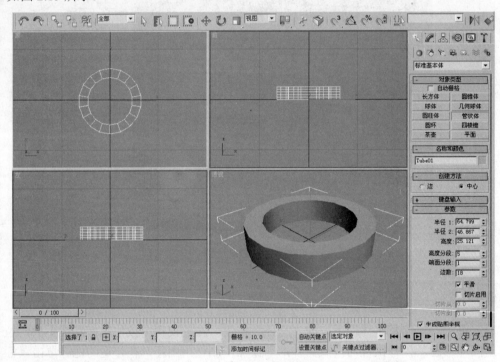

图 2.15 创建管状体

2.2.5 创建平面

单击"标准基本体"下方的"平面"按钮,在透视窗中按住鼠标左键不放,拉出平面形态,如图 2.16 所示。

通过以上内容的学习,相信读者已经学会了标准几何物体的创建方法,对于各自重要参数的含义也有了了解。应提醒读者的是,参数可以加以修改,能够创建不同的形态出来。

【特别提示】

在创建模型时要在"修改"面板中调节参数。方法是先在视图中创建物体,然后单击鼠标右键,关闭创建命令,再进入"修改"面板中修改参数。

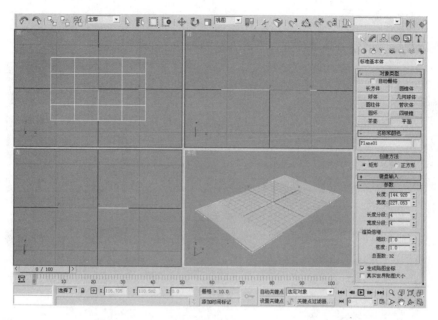

图 2.16 制作平面

2.2.6 实例

创建电脑桌。电脑桌的创建主要是通过长方体来完成的。制作过程中要注意比例及形态的变化,如图 2.17 所示。

图 2.17 完成的电脑桌模型

1. 创建桌面

在顶视窗中创建一个"长方体"，并调整参数，如图2.18所示。

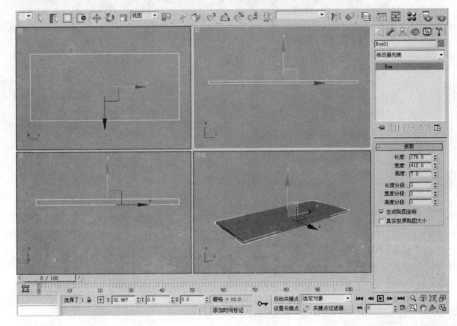

图 2.18　创建桌面

2. 创建桌子腿

在左视窗中创建一个"长方体"，并调整参数，通过移动工具放置在合适的位置，如图2.19所示。

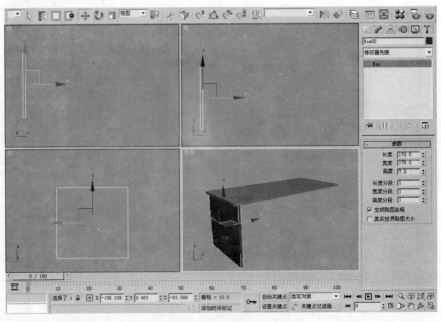

图 2.19　创建桌子腿

3. 复制其他物体

在前视窗中选择物体，按住键盘中 Shift 键，选择移动工具沿着 X 轴向右拖动进行复制，松开键盘和鼠标出现复制面板，如图 2.20 所示。

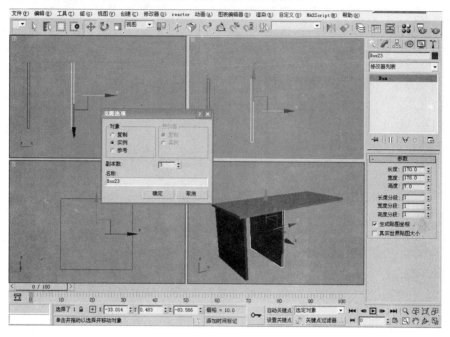

图 2.20　复制桌子腿

复制后进行位置调整，效果如图 2.21 所示。

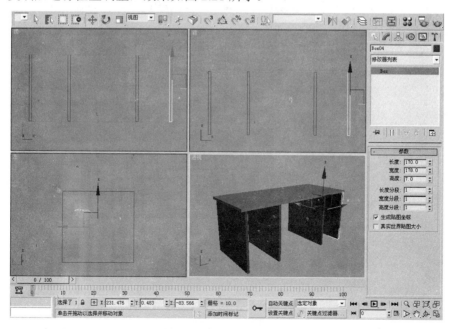

图 2.21　调整桌子腿后的效果

4. 创建抽屉

在前视窗中创建一个"长方体",调整参数及其位置,如图 2.22 所示。

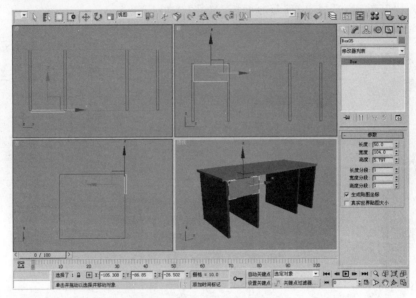

图 2.22 创建一个抽屉

用之前所学过的复制方法复制出其他两个抽屉,并调整位置,然后用长方体再做出抽屉的把手,如图 2.23 所示。

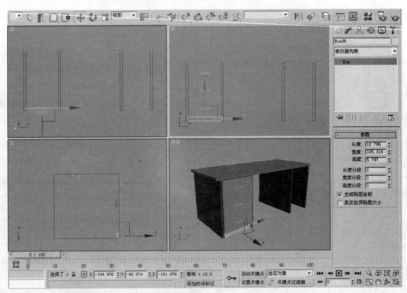

图 2.23 抽屉的创建

5. 其他模型的创建

其他位置上的模型基本上和以上模型的创建方法相同,要注意比例和位置上的变化,如图 2.24 所示。

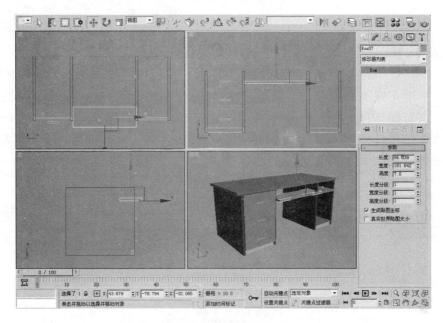

图 2.24 其他模型的创建

【案例点评】

利用上边所学知识来创建简单的实例,不仅可以学会用不同的参数来调节物体的形态,还可以提高在不同视窗中创建物体,以区分物体在不同角度所表现出来的形态,达到最终效果。

【知识链接】

学会用标准几何体来创建模型是非常有意义的,只要仔细观察周围的物体,很多情况下都可以用标准几何体来表现,如图 2.25 所示。

图 2.25 柜子模型的创建

2.3 扩展几何体创建室内外物体模型

在标准几何体外还可以创建扩展几何体。这些扩展的几何体是更加复杂的三维造型，其可调节的参数更多，物体造型更复杂，在学习过程中要反复调整各参数，同时观察物体外观的变化情况。同样下面将详细地介绍几个扩展几何形体的创建过程及各个参数的调节，其他扩展几何体在学习的过程中可以举一反三，如图 2.26 所示。

图 2.26　扩展几何体面板

2.3.1　创建多面体

单击"扩展基本体"下方的"异面体"按钮，在透视窗中按住鼠标左键不放，拉出一个异面体模型，如图 2.27 所示。

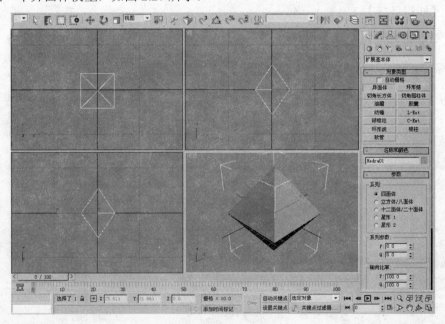

图 2.27　创建多面体

在参数中选择不同系列会有不同的多面体形态，如图 2.28 所示。

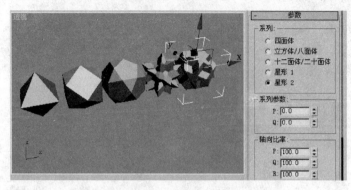

图 2.28 不同的多面体形态

2.3.2 创建有倒角的长方体

单击"扩展基本体"下方的"切角长方体"按钮，在透视窗中按住鼠标左键不放，拉出一个长方体模型，松开鼠标向上或向下确定长方体的高度，单击鼠标左键确定并继续拖动鼠标创建出倒角，最后单击鼠标左键确定，如图 2.29 所示。

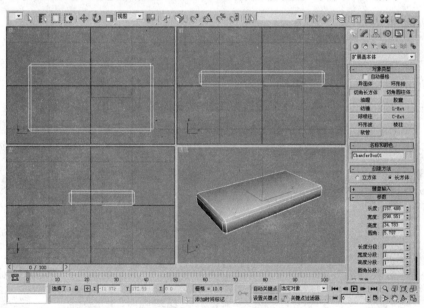

图 2.29 创建倒角的长方体

2.3.3 创建环形结

单击"扩展基本体"下方的"环形结"按钮，在透视窗中按住鼠标左键不放，拉出一个环形结模型，松开鼠标向内或向外拖动鼠标，以确定环形结的半径大小，最后单击鼠标左键确定，如图 2.30 所示。

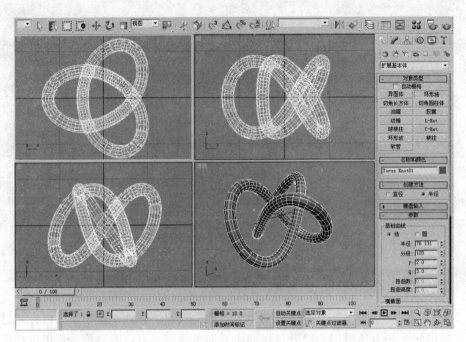

图 2.30　创建环形结

2.3.4　创建有倒角的圆柱体

单击"扩展基本体"下方的"切角圆柱体"按钮,在透视窗中按住鼠标左键不放,拉出圆柱体的半径,单击鼠标确定并向上或向下拉出圆柱体的高度,单击鼠标确定并继续拖动鼠标创建倒角,最后单击鼠标左键结束,如图 2.31 所示。

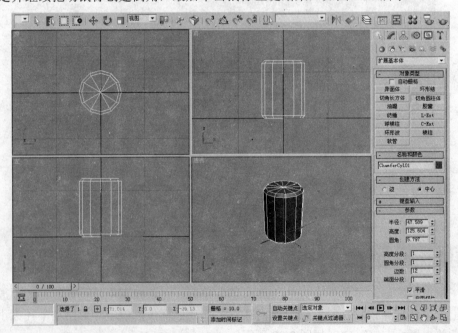

图 2.31　创建有切角的圆柱体

2.3.5 创建环形波

单击"扩展基本体"下方的"环形波"按钮，在透视窗中按住鼠标左键不放，拉出圆柱体的半径，松开鼠标向内建立波形样式，如图 2.32 所示。

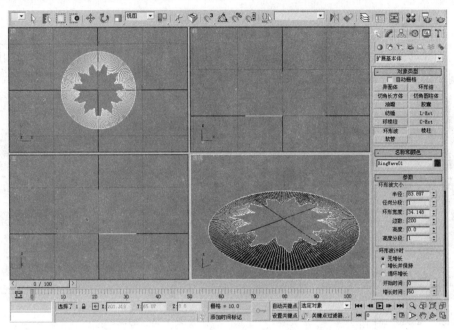

图 2.32 创建环形波

2.4 二维建模室内外物体模型

有些复杂的模型不容易被分解成简单的几何体，在创建这类比较复杂的物体时，首先需要创建一个二维截面，之后再经过一些转换修改命令，来生成一个复杂的三维模型。这个过程是极富创造性的，这种方法也是 3D 中创建模型的重要手段之一。因此，为了创造复杂的物体，先要学习二维图形。

【特别提示】

在学习的过程中，应熟练掌握各种二维图形的创建方法，尤其要注意的是，在创建直线、曲线的过程中，鼠标的不同操作会出现不同的结果。另外还应该掌握对二维图形子物体的控制方法，仔细观察调节了各子对象后，二维图形所发生的变化。

2.4.1 创建二维图形

二维图形就是平时所说的平面图形，可以利用这些二维图形来生成各种奇妙的 3D 造型，创建二维图形的面板如图 2.33 所示。

【特别提示】

创建二维图形时,最好选择在平面视图中去创建,不要在透视窗中去创建。因为在透视窗中不好把握轴向的方位,容易造成变形或创建不准确等问题。

1. 创建线、圆和矩形

创建线时,直接在视图中单击鼠标左键即可,当单击鼠标回到原点时,会出现询问"是否闭合样条线"的对话框。单击"是"按钮会创建出一个封闭的曲线,单击"否"按钮会继续创建曲线,如图2.34所示。

图2.33 创建二维图形面板

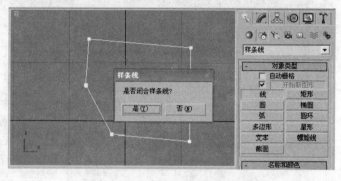
图2.34 创建线

【特别提示】

在用鼠标创建样条线时,按住 Shift 键可将新的点与前一点之间的增量约束于90度角以内。使用角的默认初始类型设置,然后单击随后所有的点可创建完全直线的图形。

创建"圆"或"矩形"时,直接在视图中按住鼠标拖曳,即可创建出相应的图形,如图2.35所示。

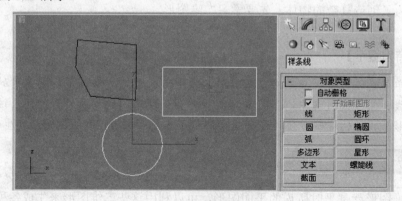
图2.35 创建线、圆、矩形

2. 创建多边形

单击"多边形"按钮，在顶视窗中拖曳鼠标创建一个多边形造型，如图2.36所示。

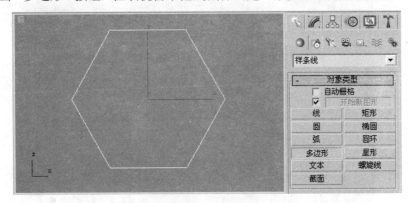

图2.36 创建多边形

3. 创建椭圆、星形和圆环

单击"椭圆"按钮，在顶视窗中拖曳鼠标创建一个椭圆形造型；单击"星形"按钮，在顶视窗中拖曳鼠标创建一个星形造型；单击"圆环"按钮，在顶视窗中拖曳鼠标创建一个圆环造型，如图2.37所示。

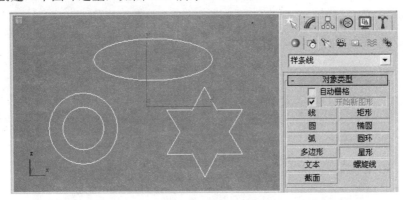

图2.37 创建椭圆、星形和圆环

4. 创建文字

"文本"被广泛应用在效果图制作以及影视片头动画等制作中，如做一块匾或在高层建筑外墙上写字等。单击"文本"按钮，在前视窗中单击鼠标创建一个文本文字，在参数面板中可以更改文字大小、字间距、行间距、文字的字体以及更改文字内容，如图2.38所示。

5. 使用截面生成截面图形

"截面"的创建有些特别，它是通过截取三维造型的剖面而获得的二维图形。首先创建一个三维物体，这里用多面体来举例，如图2.39所示。

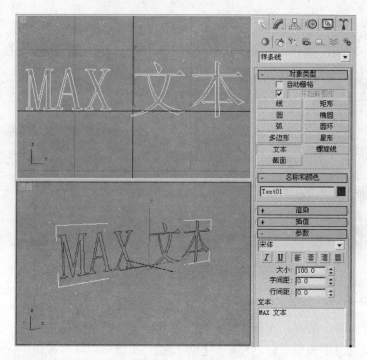

图 2.38 创建文本

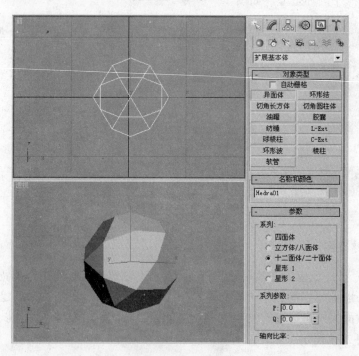

图 2.39 创建一个多面体

单击"创建"命令面板下的"截面"按钮，在顶视窗中多面体中央拖曳鼠标创建一个"田"字形的二维截面造型，利用此截面截取三维造型的剖面图形，如图 2.40 所示。

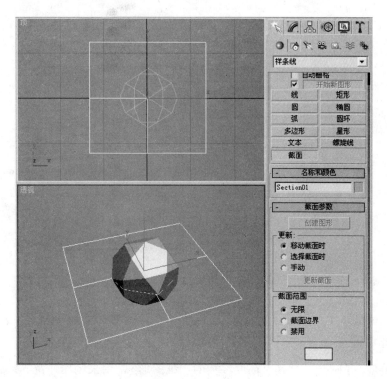

图 2.40 创建截面图形

在"截面参数"卷展栏中单击"创建图形"按钮,弹出"命名截面图形"对话框,给新截面更改名称,然后单击"确定"按钮,如图 2.41 所示。

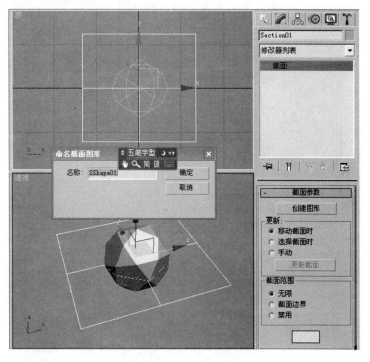

图 2.41 截面新图形

选择多面体，按 Delete 键将其删除，观察场景中新生成的二维图形，如图 2.42 所示。

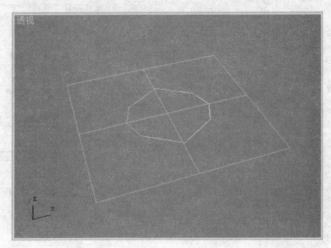

图 2.42　新生成的截面

6. 螺旋线

"螺旋线"是唯一一个具有高度参数的二维图形，常用来制作弹簧等螺旋状物体。

首先单击"创建"命令面板下的"螺旋线"按钮，在顶视窗中按住鼠标左键拖动拉出螺旋线的半径为 1 的大小；其次松开鼠标向上或向下拉出螺旋线的高度，单击鼠标左键确定，再拖动鼠标确定半径 2 的大小；最后单击鼠标确定。在"参数"卷展栏中还可调整螺旋线圈数等参数，如图 2.43 所示。

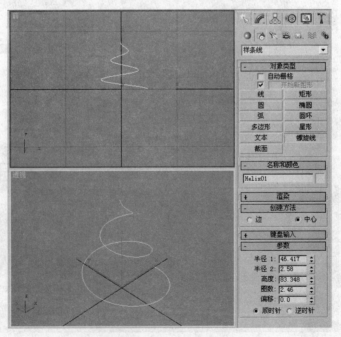

图 2.43　创建螺旋线及调整参数

2.4.2 二维图形的渲染和插值

二维图形在默认状态下是不可渲染的，要想进行二维图形的渲染就要进行特殊命令的选择。打开"渲染"卷展栏，选中"在渲染中启用"复选框即可渲染二维图形。"径向"的"厚度"是更改二维图形粗细的参数，为了能在视图中显示出更改厚度的大小，最好再选中"在视口中启用"复选框，如图 2.44 所示，效果如图 2.45 所示。

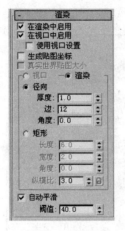 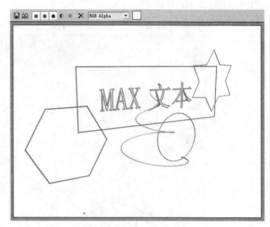

图 2.44 "渲染"卷展栏　　　　　图 2.45 渲染后的效果

"插值"卷展栏用来控制曲线光滑程度。样条线上的每个顶点之间的划分数量称为步长。使用的步长越多，显示的曲线越平滑，如图 2.46 所示，不同的插值表现不同的效果，如图 2.47 所示。

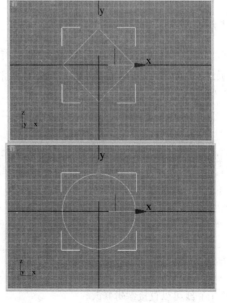

图 2.46 "插值"卷展栏　　　　　图 2.47 不同插值表现不同的效果

2.4.3 编辑样条线

1. 编辑样条线概述

"编辑样条线"修改器是专门针对二维图形修改所设计的修改工具。二维图形是由节点、线段和曲线元素构成的,这些元素也叫子对象。编辑样条线主要就是通过这3种元素来组织修改的,因此编辑样条线这个工具对修改二维图形有重要的作用,效果如图2.48所示。

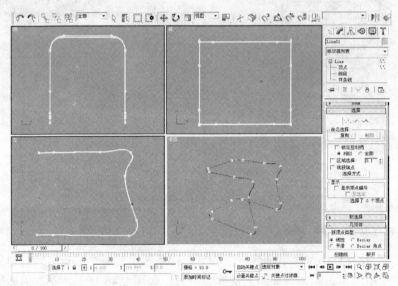

图 2.48 进行样条编辑后的二维图形

【特别提示】

在二维图形中除了线可以直接进行编辑样条线修改以外,其他的图形都必须在"修改"面板中加入"编辑样条线"修改器才能进行调整,如图2.49所示。

(a) 线可以直接编辑修改　　　　　　　(b) 其他图形加入编辑样条线才能修改

图 2.49 编辑样条线修改

2. 顶点的编辑

在修改二维图形时，调整顶点是非常重要的，它的类型不同，所影响的线段形态也不同。"顶点"有 4 种类型，要设置"顶点"类型，执行以下操作：选择二维图形中的任意顶点，单击鼠标右键，从快捷菜单中选择一个类型，如图 2.50 所示。

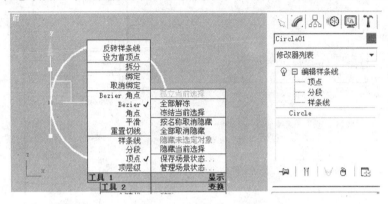

图 2.50　顶点的 4 种类型

在一个图形中，每个顶点可能属于下面 4 种类型之一。

平滑：创建平滑连续曲线的不可调整的顶点。平滑顶点处的曲率是由相邻顶点的间距决定的。

角点：创建锐角转角的不可调整的顶点。

Bezier：带有锁定连续切线控制柄的不可调解的顶点，用于创建平滑曲线。顶点处的曲率由切线控制柄的方向和量级确定。

Bezier 角点：带有不连续的切线控制柄的不可调整的顶点，用于创建锐角转角。线段离开转角时的曲率是由切线控制柄的方向和量级设置的，4 种顶点如图 2.51 所示。

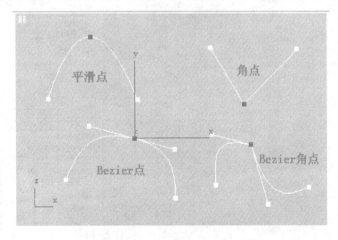

图 2.51　4 种类型的顶点

选择编辑样条线的"顶点"次物体层级，进入到"修改"面板中。

(1) 创建线：为所选对象添加更多样条线。创建它们的方式与创建线的方式相同。要退出线的创建，可使用右键菜单或单击以禁用"创建线"按钮。效果如图 2.52 所示。

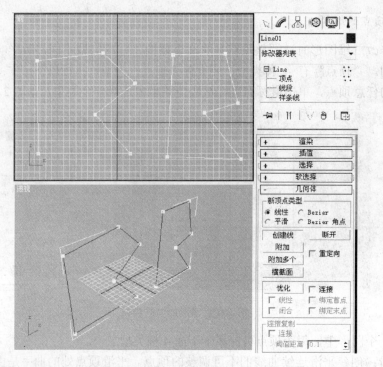

图 2.52 创建线

(2) 断开：选择一个或多个顶点，然后单击"断干"按钮以创建拆分，如图 2.53 所示。

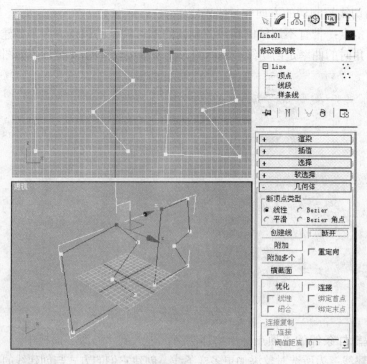

图 2.53 断开

(3) 附加：将场景中的其他样条线附加到所选样条线。单击要附加到当前选定的样条线对象的对象，要附加的对象也必须是二维样条线，如图 2.54 所示。

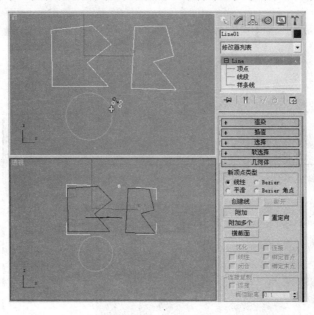

图 2.54　附加

(4) 连接：通过连接两个开放的顶点，创建一个新的样条线子对象。单击"连接"按钮，在一个顶点上单击鼠标左键拖动到另一个顶点身上，出现连接图标后松开鼠标即可，如图 2.55 所示。

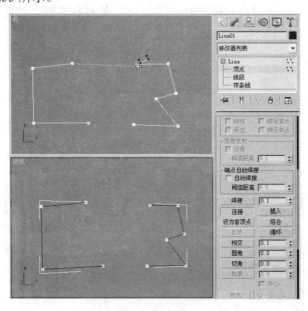

图 2.55　连接

(5) 焊接：将两个端点顶点或同一样条线中的两个相邻顶点转化为一个顶点。移近两个端点顶点或两个相邻顶点，选择两个顶点，然后单击"焊接"按钮。如果这两个顶点在由"焊接"微调器(按钮的右侧)设置的单位距离内，将转化为一个顶点；还可以焊接选择的一组顶点，只要每对顶点在阈值范围内，如图 2.56 所示。

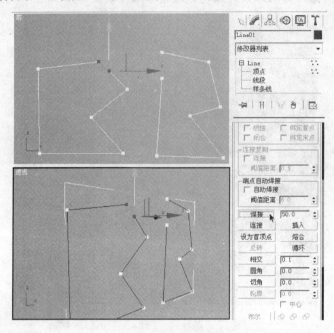

图 2.56 焊接

(6) 圆角：允许在线段会合的地方设置圆角，添加新的控制点。可以交互地通过拖动顶点应用此效果，也可以通过使用微调器来应用此效果。单击"圆角"按钮，然后在活动对象中拖动顶点。拖动时，"圆角"微调器将相应地更新，以指示当前的圆角量，如图 2.57 所示。

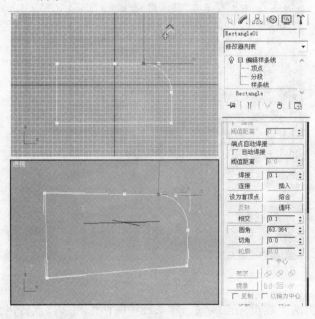

图 2.57 圆角

(7) 切角：允许使用"切角"功能设置图形的切角。可以交互式地(通过拖动顶点)，或者在"切角"微调器应用此效果。单击"切角"按钮，然后在活动对象中拖动顶点，"切角"微调器更新显示拖动的切角量，如图 2.58 所示。

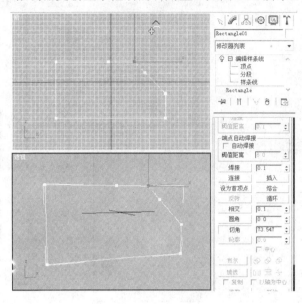

图 2.58 切角

3. 线段的编辑

"线段"是样条线曲线的一部分，在两个顶点之间。在"可编辑样条线(线段)"层级，可以选择一条或多条线段，并使用标准方法移动、旋转、缩放或克隆。

(1) 拆分：通过添加由微调器指定的顶点数来细分所选线段。选择一个或多个线段，设置"拆分"微调器，然后单击"拆分"按钮，如图 2.59 所示。

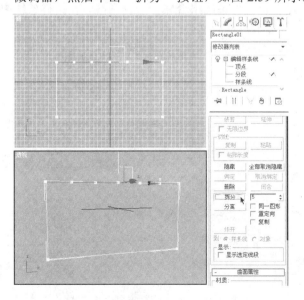

图 2.59 拆分

(2) 分离：允许选择不同样条线中的几个线段，然后拆分(或复制)它们，以构成一个新图形，如图 2.60 所示。

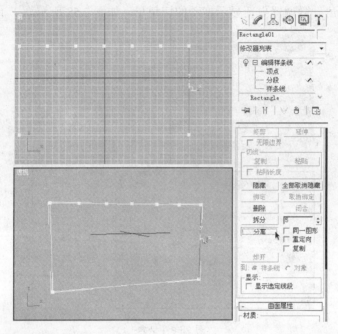

图 2.60　分离

4. 样条线的编辑

"布尔运算"是将两个闭合多边形通过并集、差集、相交方式组合在一起。选择第一个样条线，单击"布尔"按钮和需要的操作，然后选择第二个样条线，就会做出一条新的样条曲线。

(1) 并集：将两个重叠样条线组合成一个样条线，在该样条线中，重叠的部分被删除，保留两个样条线不重叠的部分，构成一个样条线。

(3) 差集：从第一个样条线中减去与第二个样条线重叠的部分，并删除第二个样条线中剩余的部分。

(2) 相交：仅保留两个样条线的重叠部分，删除两者的不重叠部分，如图 2.61 所示。

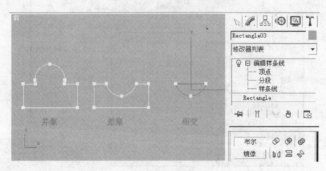

图 2.61　3 种不同的布尔运算方式

【特别提示】

在进行布尔运算前,两个图形必须是一体的,用"附加"按钮工具来合并在一起,如图 2.62 所示。

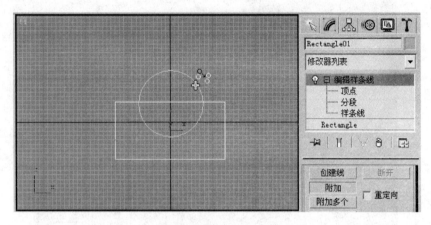

图 2.62 用"附加"按钮把两个图形合并在一起

2.4.4 实例

创建高脚杯。高脚杯的创建是用二维线在视图中画出杯子的剖面,然后利用修改器来完成的实例。在制作过程中,要注意线调整、比例关系,效果如图 2.63 所示。

图 2.63 创建高脚杯

在前视图中用直线来创建杯子的剖面,如图 2.64 所示。

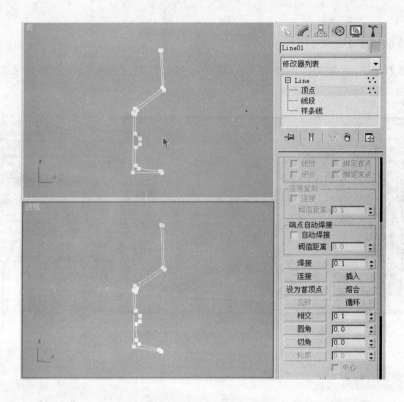

图 2.64 用直线来创建剖面

调整创建的直线，先用顶点类型改变上端的点，使线段变得更加圆滑，如图 2.65 所示。

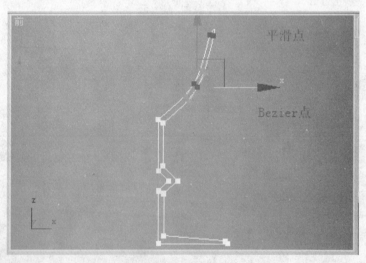

图 2.65 用顶点类型改变上端点的形态

用"圆角"按钮调整其他点的效果，如图 2.66 所示。

关闭次物体层级，加入修改器"车削"命令，单击"参数"卷展栏中"对齐"命令下的"最小"按钮，生成出高脚杯的形态，如图 2.67 所示。

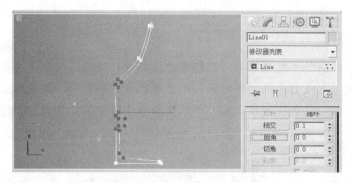

图 2.66 用"圆角"按钮调整顶点的效果

图 2.67 加入"车削"修改器

如果要对模型再修改,可在修改列表中重新单击 Line 中次物体层级——"顶点",也可单击列表中"最终显示"按钮来观察修改后的最终效果,如图 2.68 所示。

图 2.68 移动节点可以观察形体的变化

【特别提示】

在进行"车削"修改练习时,最好选中参数中"焊接内核"复选框,这样可以把旋转轴中的顶点进行焊接。有时旋转对象可能会内部外翻,造成模型出错,这时选中"翻转法线"复选框来修正它。如果要给物体增加段数可以提高"分段"的参数,以提高模型的质量。

【案例点评】

可以通过本案例更好地了解关于线的调节,包括在不同情况下所选择顶点的类型,还有学习"车削"修改器的使用也是本案例的重要部分。

2.5 复合建模

复合对象建模是将两个或两个以上的物体,或图形进行组合生成出新的模型的一种建模方式。它的应用也很普遍,在学习过程中应该掌握不同复合建模工具的使用,特别是它们自身的特点,本节重点介绍"布尔"和"放样",以及放样变形的应用。

单击"创建"面板中的"几何体"按钮,在"标准基本体"下拉菜单中选择"复合对象"命令,如图 2.69 所示。

图 2.69 "创建"面板中的"复合对象"面板

2.5.1 布尔运算

布尔运算是通过对其他两个模型物体执行布尔运算后将它们组合起来,形成一个新的三维模型。在操作过程中,操作对象称作 A 物体,被操作的物体称作 B 物体,如图 2.70 所示。

图 2.70　布尔运算前后对比

要创建"布尔"对象，需进行以下操作。

选择对象，此对象为操作对象 A。单击"布尔"按钮。操作对象 A 的名称显示在"参数"卷展栏的"操作对象"列表中。在"拾取布尔"卷展栏上选择操作对象 B 的复制方法：参考、移动、复制或实例，如图 2.71 所示。

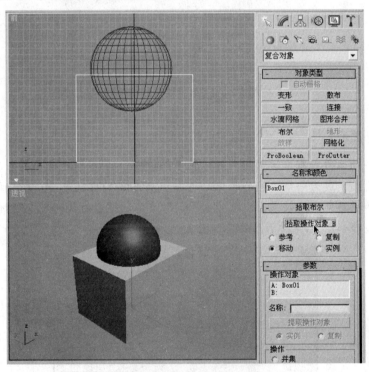

图 2.71　操作对象长方体为 A 物体

在"参数"卷展栏上选择要执行的布尔操作："并集"、"交集"、"差集(A-B)"、"差集(B-A)"以"切割"操作，如图 2.72 所示。

在"拾取布尔"卷展栏上，单击"拾取操作对象 B"按钮，单击视窗中的球体，如图 2.73 所示。

单击视窗中的球体，3ds max 将执行布尔操作。选择不同操作类型，制作效果也不同。完成效果如图 2.74 所示。

图 2.72 选择操作类型

图 2.73 选择对象 B

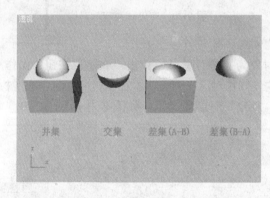
图 2.74 不同操作类型的效果

> 【特别提示】

在多个物体进行布尔运算时，可以把多个被操作的物体(也就是将来的 B 物体)进行合并附加，成为一个共同的物体后再去和操作物体(也就是 A 物体)进行布尔运算。另外为了避免最终效果出现破损的面，做类似的练习时最好把 A 物体的段数增加一些。过程如图 2.75 所示，效果如图 2.76 所示。

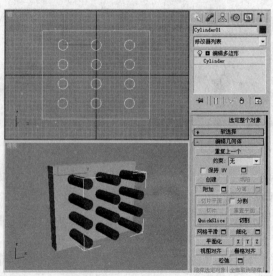
图 2.75 把 B 物体合并附加在一起

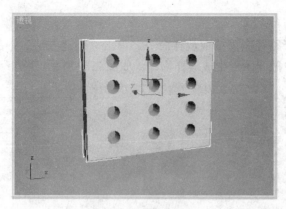

图 2.76 布尔运算后的效果

2.5.2 放样建模

所谓放样就是指先建立一个二维截面,之后使其沿着一条路径生长从而得到三维物体的过程。因此用放样建模必须有一个二维截面和一个二维路径,路径可以是开放的也可是封闭的,如图 2.77 所示。

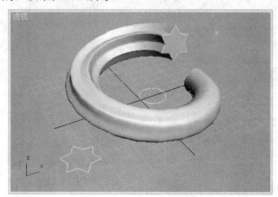

图 2.77 放样后的模型

创建要成为放样路径的图形。创建要作为放样横截面的一个或多个图形,如图 2.78 所示。

图 2.78 创建的路径和截面

操作方法有两种。

方法一：选择路径图形拾取放样命令，单击"创建方法"中的"获取图形"按钮后，单击视图中截面图形生成放样物体，如图2.79所示。

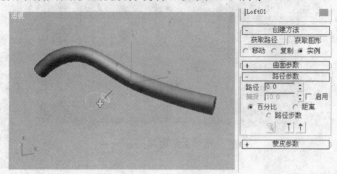

图 2.79 用路径进行放样

方法二：选择截面图形拾取放样命令，单击"创建方法"中的"获取路径"按钮后，单击视图中路经图形生成放样物体，如图2.80所示。

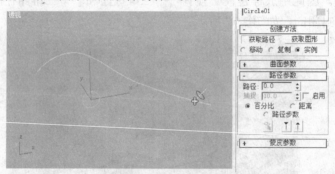

图 2.80 用截面进行放样

在放样时确定使用截面还是路径来创建放样物体是非常重要的，选择路径放样时，在"创建方法"卷展栏上，应该单击"获取图形"按钮。选择截面放样时，在"创建方法"卷展栏上，应该单击"获取路径"按钮，"创建方法"卷展栏如图2.81所示。

在"曲面参数"卷展栏上，可以控制放样曲面的平滑以及指定是否沿着放样对象应用纹理贴图，如图2.82所示。

图 2.81 "创建方法"卷展栏

图 2.82 "曲面参数"卷展栏

"路径参数"卷展栏可以控制沿着放样对象路径在各个间隔期间的图形位置。当放样截面是多个图形时,可以利用此面板来安排在路经上不同位置的放样。

操作方法如下。

在视图中创建路径与多个截面,如图2.83所示。

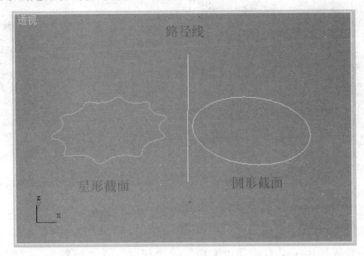

图2.83 创建路径与截面

选择路径线进行放样,单击"获取图形"按钮,首先单击圆形截面,如图2.84所示。

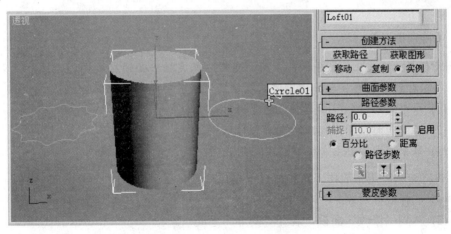

图2.84 获取圆形截面后的效果

修改"路径参数"卷展栏中"路径"的数值为100[数值范围是0～100之间,0点为路径的第一点(起始点),100点为路径最后一点(末尾点)],并再次单击"获取图形"按钮,最后再单击视图中的星形截面,如图2.85所示。

在"蒙皮参数"卷展栏上,可以调整放样对象网格的复杂性,还可以通过控制面数来优化网格,如图2.86所示。

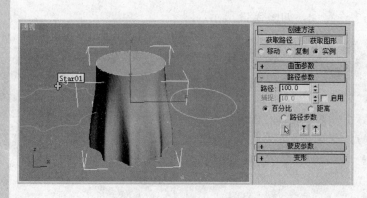
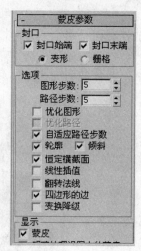

图 2.85　最终放样的效果　　　　　　图 2.86　"蒙皮参数"卷展栏

2.5.3　放样变形

"变形"卷展栏用于沿着路径"缩放"、"扭曲"、"倾斜"、"倒角"或"拟合"形状，所有变形的界面都是图形。图形上带有控制点的线条代表沿着路径的变形。为了建模或生成各种特殊效果，图形上的控制点可以移动或设置动画，如图 2.87 所示。

【特别提示】

只有在"修改"面板中才能使用"变形"卷展栏，必须在放样之后打开"修改"面板才能看到"变形"卷展栏，该卷展栏提供以下功能。
(1) 每个变形按钮显示其自己的变形对话框。
(2) 可以同时应用任何或所有变形对话框。
(3) 每个变形按钮右侧的按钮是启用或禁用变形效果的切换。

要将变形应用于放样，可执行以下操作。
(1) 选择放样对象。
(2) 转到"修改"面板，展开"变形"卷展栏。
(3) 单击要使用的变形。
(4) 将显示选定变形的窗口。

1. 缩放

利用"缩放"按钮可以使放样物体在特定的位置上产生放大或缩小，如图 2.88 所示。

2. 扭曲

使用"扭曲"按钮可以沿着对象的长度创建盘旋或扭曲的对象，如图 2.89 所示。

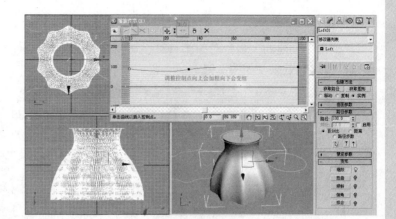

图 2.87 "变形"卷展栏　　　　图 2.88 缩放控制

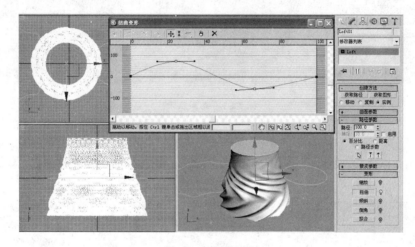

图 2.89 扭曲控制

3. 倾斜

"倾斜"变形围绕局部 X 轴和 Y 轴旋转图形，如图 2.90 所示。

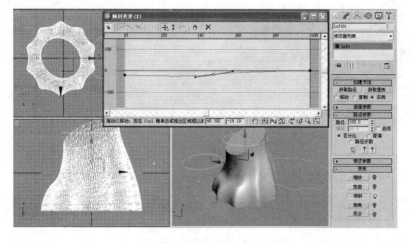

图 2.90 倾斜控制

4. 倒角

"倒角"创建的大多数对象都具有已切角化、倒角或减缓的边。使用"倒角"变形来模拟这些效果，如图 2.91 所示。

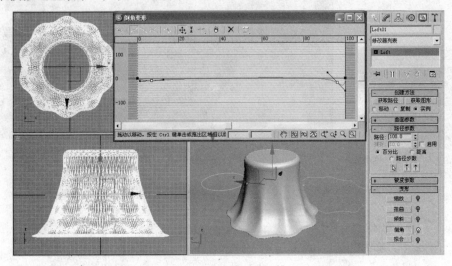

图 2.91　倒角控制

5. 拟合

使用"拟合"变形可以使用两条拟合曲线来定义对象的顶部和侧剖面，如图 2.92 所示。

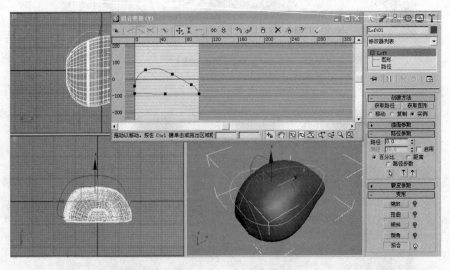

图 2.92　拟合调整

"拟合变形"工具条如图 2.93 所示。

图 2.93　"拟合变形"工具条

↔水平镜像：沿水平轴镜像图形。
↕垂直镜像：沿垂直轴镜像图形。
↺逆时针旋转 90°：逆时针将图形旋转 90°。
↻顺时针旋转 90°：顺时针将图形旋转 90°。
删除控制点：删除选定的控制点。
✕重置曲线：将显示的"拟合"曲线替换为 100 个单位宽且中心在路径上的矩形。如果"均衡"处于启用状态，即使只显示一条曲线，也将重置两条"拟合"曲线。
删除曲线：删除显示的"拟合"曲线。如果"均衡"处于启用状态，即使只显示一条曲线，也将删除两条"拟合"曲线。
获取图形：可以选择用于"拟合"变形的图形。单击"获取图形"按钮，然后在视口中单击要使用的图形。
生成路径：将原始路径替换为新的直线路径。

2.5.4 实例

创建窗帘。窗帘的创建主要是通过放样建模的方法制作的，在制作过程中，要注意窗帘的形态以及截面的变化。

在视图中用二维线创建路径线和不同截面线。两个截面中的结点调整成平滑点类型，并进行调整，如图 2.94 所示。

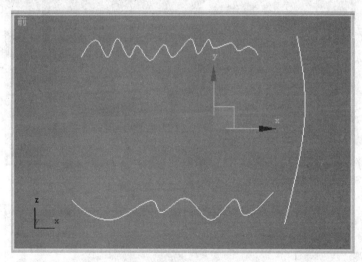

图 2.94　创建路径和截面

选择路径线进行放样，单击"获取图形"按钮，单击视图中截面一图形，如图 2.95 所示。

修改"路径参数"卷展栏中路径的数值为 100，再次单击"获取图形"按钮，单击视图中下边的截面二图形，如图 2.96 所示。

进入到"蒙皮参数"卷展栏中，选中"翻转法线"复选框，得到如图 2.97 所示的效果。

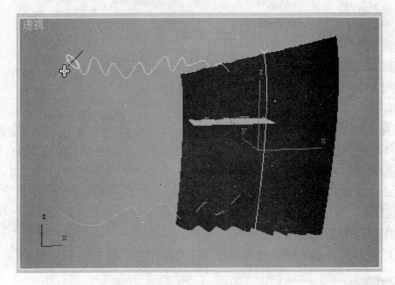

图 2.95 获取第一个截面

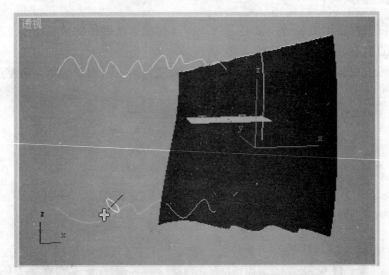

图 2.96 获取第二个截面

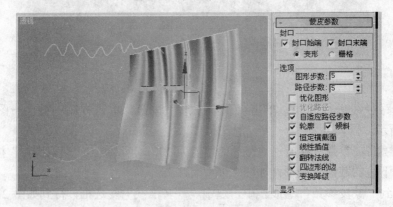

图 2.97 翻转法线

【特别提示】

"翻转法线"其实就是人们平时所说的正反面一样,在制作的过程中不一定非得去使用它,要根据具体情况来应用,本案例在生成模型时很明显看到的是模型的背面,选中"翻转法线"复选框就可以解决了。

如果在制作窗帘时发现上下两个截面不是平行的,那么还需要进一步的调整。打开 Loft 次物体层级,选择"图形"选项,在视图中分别选择窗帘上边的截面和下边的截面来旋转调整。调整后要关闭次物体层级中的"图形"选项,如图 2.98 所示。

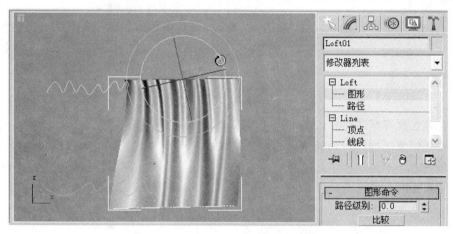

图 2.98 旋转生成出的截面

进入"修改"面板,打开"变形"卷展栏,可以按照自己的要求在"缩放"按钮中进行缩放调整,如图 2.99 所示。

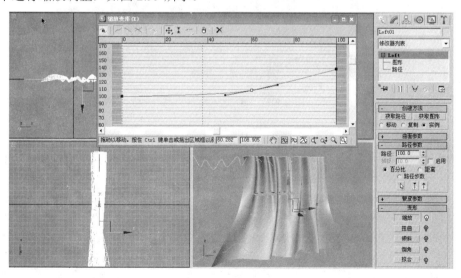

图 2.99 变形缩放

最后进行"镜像"复制得到如图 2.100 所示的效果。

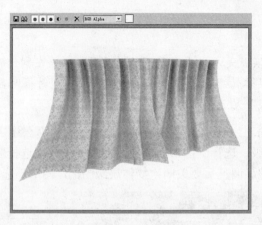

图 2.100　最终效果

【知识链接】

在对三维模型修改时，"编辑多边形"修改器是常用的命令之一。"编辑多边形"修改器提供用于选定对象的不同子对象层级的显式编辑工具：顶点、边、边界、多边形和元素。利用这些不同的子对象层级下的相关命令，可以对三维模型进行修改和调整，如图 2.101 所示。

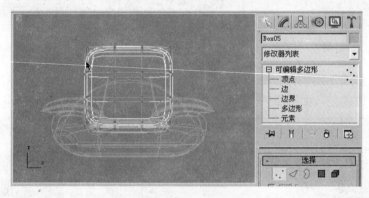

图 2.101　编辑多边形修改器

2.6　综合应用案例——制作沙发模型

本案例是应用编辑多边形修改器来制作完成沙发模型的创作，在制作过程中重点把握修改器对模型修改时所应用的参数。

在顶视图中创建一个"长方体"，在透视图中按 F4 键，打开模型的"边面"显示模式，如图 2.102 所示。

在修改面板中加入"编辑多边形"修改器。打开多边形次物体层级命令，选择"多边形"选项，在视图中选择相应的面，在"编辑多边形"的"修改"面板中单击"挤出"按钮，挤出高度为 35，单击"确定"按钮结束，如图 2.103 所示。

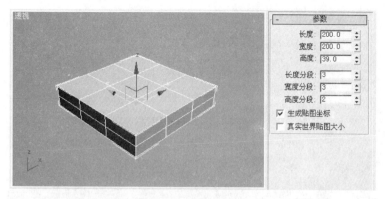

图 2.102 创建长方体

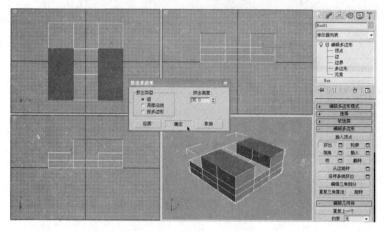

图 2.103 创建沙发的扶手

用同样的方法,选择后边的面,挤出沙发的靠背,挤出高度为 90,如图 2.104 所示。

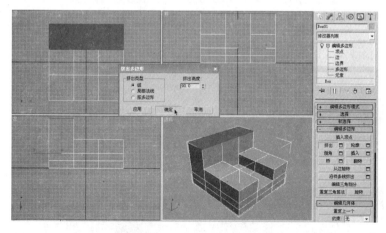

图 2.104 创建沙发的靠背

选择次物体层级中"顶点"选项,在前视图中圈选相应一侧顶点,沿着 X 轴方向移动,做出沙发中间的空隙,如图 2.105 所示。

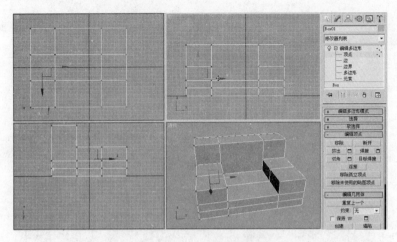

图 2.105 调整沙发的宽度

同样在前视图中圈选靠背相应的顶点进行调整,如图 2.106 所示。

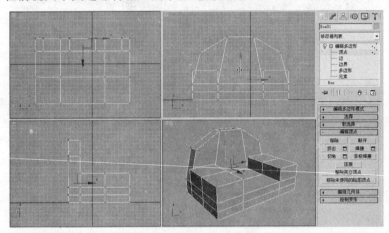

图 2.106 调整靠背的形态

继续调整沙发底部的形态,如图 2.107 所示。

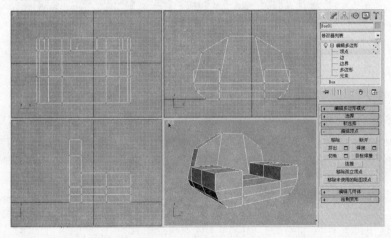

图 2.107 调整底部形态

选择次物体层级"边"选项，选择图中相应的边线，进行"切角"处理，如图 2.108 所示。

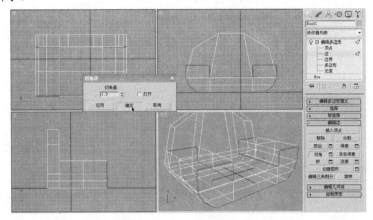

图 2.108　进行切角处理

在视图中再选择相应的边，进行"连接"修改，如图 2.109 所示。

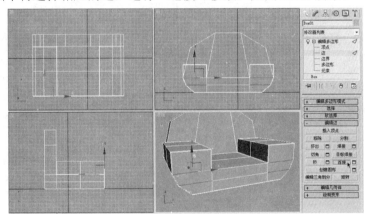

图 2.109　创建连接线

在次物体层级中选择"多边形"选项，在视图中选择相应的面，进行"插入"操作，插入值为 2.0。如图 2.110 所示。

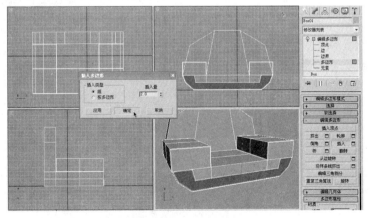

图 2.110　进行插入处理

同样是相同的面，进行"挤出"操作，挤出值为1.8，单击"确定"按钮后主体创建完成，关闭次物体层级命令，如图2.111所示。

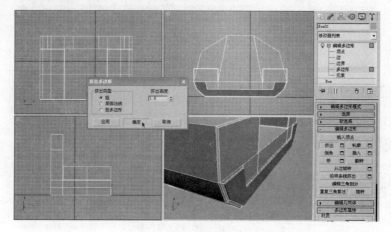

图2.111 挤出相应的面

在扶手上边创建一个长方体，如图2.112所示。

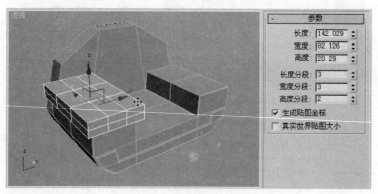

图2.112 创建长方体

在"修改"面板中加入"编辑多边形"修改器。打开多边形次物体层级命令，选择"顶点"选项，在前视图中圈选相应的顶点进行调整，如图2.113所示。

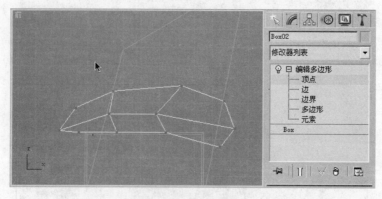

图2.113 调整顶点

选择次物体层级"边"选项,选择中间的一条线,在"修改"面板中打开"选择"卷展栏,单击"循环"按钮,这样中间的连线就都被选择上了,如图 2.114 所示。

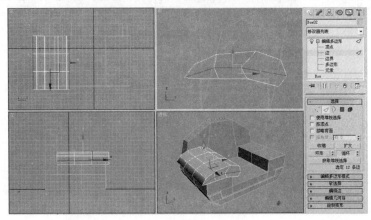

图 2.114　选择中间的连线

在"修改"面板中单击"切角"按钮,进行切角边处理,如图 2.115 所示。

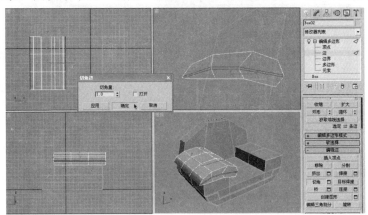

图 2.115　切角处理

在视图中单击鼠标右键,打开快捷菜单,选择"转换到面"命令,如图 2.116 所示。

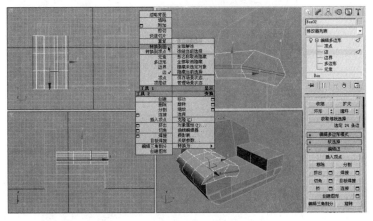

图 2.116　转换到面

在"修改"面板中打开"选择"卷展栏，单击"收缩"按钮，如图 2.117 所示。

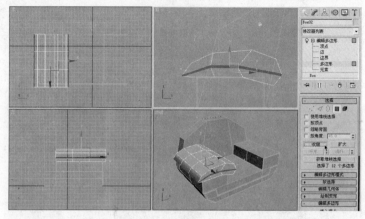

图 2.117 收缩面

在"编辑多边形"卷展栏中，单击"挤出"按钮进行操作，挤出值为 3.0，如图 2.118 所示。

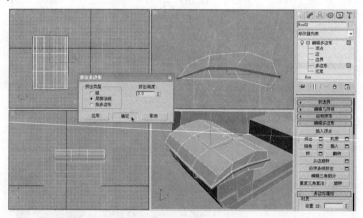

图 2.118 挤出物体

调整好后，关闭次物体层级，选择刚刚调整好后的长方体进行"镜像"复制，如图 2.119 所示。

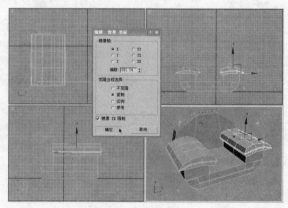

图 2.119 镜像物体

用相同的方法创建沙发的坐垫和靠垫模型，如图 2.120 所示。

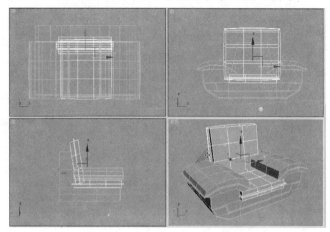

图 2.120　创建完整沙发模型

选择沙发底座部分，单击鼠标右键，弹出快捷菜单，选择"转换为"|"转换为可编辑多边形"命令，如图 2.121 所示。

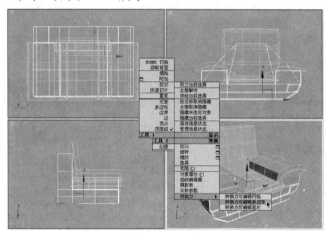

图 2.121　转换多边形

在"修改"面板中打开"细分曲面"卷展栏，选中"使用 NURMS 细分"复选框，迭代次数的参数为 2，使物体变得更加圆滑，如图 2.122 所示。

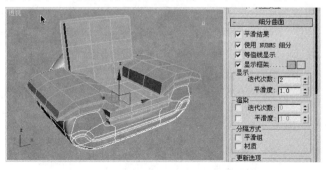

图 2.122　圆滑物体表面

用相同的方法给其他物体都进行表面圆滑处理，如图 2.123 所示。

图 2.123　最终效果

本 章 小 结

通过本章的学习，读者已经学会了如何利用三维模型和二维图形来创建模型，以及修改模型的方法。在学习的过程中，要注意把握参数的变化，以及在修改过程中常用修改器的命令及应用，以便在独自创作中能够灵活应用。

环境艺术与建筑装饰专业的学生应该注意在建模的过程中人体工程学的数据在家具、房间的建模过程中的应用，图面效果要符合正常的视觉关系。还要观察当今社会流行的家具风格样式，掌握了基本建模方法后力求做到举一反三，能够得心应手地表达设计意图，才是学习设计软件的目的。

习　　题

1. 选择题

(1) 在样条曲线编辑中，下面(　　)顶点类型可以产生没有控制手柄，且顶点两边曲率相等的曲线。

　　A. 平滑　　　　B. Bezier　　　　C. 角点　　　　D. Bezier 角点

(2) 下面(　　)模型不能作为放样路径。

　　A. 圆形　　　　B. 直线　　　　C. 螺旋线　　　　D. 球体

2. 简答题

(1) 简述复制、实例、参考 3 种复制方法的区别。

(2) 简述二维图形布尔运算的条件以及布尔运算的方法。

3. 案例分析

用放样建模的方法创建效果如图 2.124 所示。

要求：注意柱体比例合理，圆形的半径要大于多边形。

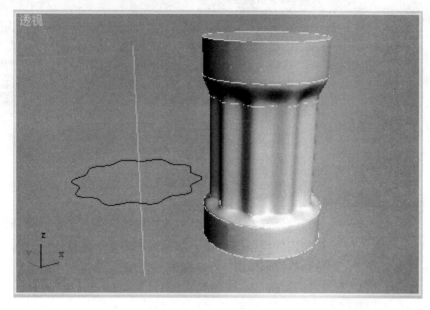

图 2.124　题图 1

4. 综合实训

设计并制作室内客厅模型。

实训目标：能够综合运用所学的知识，熟练掌握运用多种建模的方式创建模型的技能，最终达到制作完整场景的要求。

实训要求：根据实际场景的大小，独立设计并制作完整的客厅模型，要求设计合理、比例正确，尽量完成场景中所有的模型。

第3章 室内外模型构件的编辑方法

教学目标

通过学习室内外模型构件的编辑方法,了解运用修改器建造室内外模型的步骤,能够将室内外三维或者二维图形进行特殊的变形修改,产生更完美的模型效果。

教学要求

能力目标	知识要点	权重	自测分数
初步了解修改器面板的构成	认识修改器面板	10%	
了解编辑堆栈的基本使用方法	编辑堆栈的基本使用	10%	
掌握并能够综合运用建造各种室内外构件模型的常用修改命令	室内外构件模型的常用修改命令	80%	

章前导读

从"创建"面板中添加对象到场景中之后,通常会移动到"修改"命令面板(修改器面板)来更改对象的原始创建参数,并应用修改器。修改器是整形和调整基本几何体的基础工具,使用修改命令可以对物体施加各种变形修改,可将多个修改器命令指定到一个对象上,同时这些命令也可施加到物体的子一级,如点、面、线段等,并可随时回到某一操作之前或删除任何一个修改器。

如图 3.1 所示运用修改器进行变形修改的结果,那么具体操作该如何实现呢?本章将重点介绍。

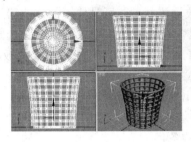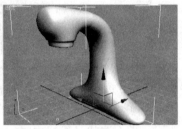

图 3.1 变形修改

3.1 认识修改器面板

1. 名称和颜色

单击 按钮进入修改器面板,如图 3.2 所示,修改器面板分为 5 个基本区域。在面板的最上方为用户所要编辑对象的名称和颜色文本框,如图 3.3 所示,该部分出现在所有命令面板中,可以随时更改对象的名称和颜色。左边长方形为名称文本框,置入光标可更改名称。右边正方形为色彩文本框,用鼠标单击可出现对象颜色对话框,用以更改所编辑物体的颜色。

图 3.2 修改器面板   图 3.3 物体名称和颜色文本框

2. 修改器列表

修改器列表如图 3.4 所示。单击"修改器列表"旁的 按钮，可在弹出的菜单中看到修改器的下拉列表，在"修改器列表"下拉列表中，可选择各种不同修改器的类型，如常用的有编辑多边形、网格平滑、FFD、弯曲、锥化、拉伸、晶格、倒角、倒角剖面等命令。

3. 修改器堆栈

1) 修改器堆栈栏

"修改器列表"下拉列表框下方是修改器堆栈栏，可对使用的修改器进行操作。修改器堆栈是修改器面板上的列表，它包含有累积历史记录，上面有选定的对象，以及应用于它的所有修改器，用户可以将它们展开并修改下方对应的参数面板，如图 3.5 所示对球体运用 FFD(长方体)修改器的堆栈栏。

在堆栈的底部，第一个条目始终列出对象的类型(在这个例子中，是"球体<Sphere>")。单击此条目即可显示原始对象创建参数，以便对其进行调整。如果还没应用过修改器，那么这就是堆栈中唯一的条目。

在对象类型之上，会显示已使用的修改器。单击修改器条目即可显示修改器的参数，可以对其进行调整，或者删除修改器。修改器左侧的 按钮用于打开或关闭修改器。如果修改器有子对象级别，那么它们前面会有加号或减号图标。

2) 修改器堆栈控制工具

在修改器堆栈栏下如图 3.6 所示的按钮，使用它们可以管理堆栈。

图 3.4 修改器列表　　　图 3.5 修改器堆栈栏　　　图 3.6 修改器堆栈控制工具

4. 参数面板

修改器参数面板根据当前在修改器列表中，选择的修改工具显示相应的可修改的参数。

3.2 编辑堆栈的基本使用

1. 修改器堆栈控制工具

"锁定堆栈"按钮 ：将修改堆栈锁定在当前物体上，即使选取场景中别的对象，修改器仍使用于锁定对象。由于修改器面板总是反映当前选择对象的状态，因而"锁定堆栈"就成为一种特殊情况。这种特殊情况对于协调修改器的最后结果和其他对象的位置和方向非常有帮助。

"显示最终结果开关"按钮 ：确定是否显示堆栈中其他修改器的作用结果。此功能可以直接查看某一个修改器产生的效果，避免其他修改器产生效果的干扰。通常在观察一个修改器产生效果时，关闭该按钮。当打开该按钮后，即可观察对象修改的最终结果。

"使唯一"按钮 ：使对象关联修改器独立，只作用于当前选择对象。

"从堆栈中删除修改器"按钮 ：从堆栈中删除选择的修改器操作，即取消选择的修改器对对象产生的效果。该操作不影响其他修改器产生的效果。

"形成修改器设定"按钮 ：单击该按钮会弹出菜单，可选择是否显示修改器按钮及改变按钮组的配置。

2. 改变修改器的次序

在修改器堆栈栏中，默认情况下，修改器是按照对象的操作先后顺序来排序的。不同的叠放顺序，最后生成的效果是不同的，需要仔细规划使用修改器的次序。可以通过在修改器列表中选择要改变次序的修改器，直接按住鼠标拖动到要放置的位置释放鼠标即可。

3.3 室内外构件模型的常用修改命令

大多数修改器可以在对象空间中对对象的内部结构进行操作。例如，当对网格对象应用修改器，在扭曲时，在对象空间中，对象的每个顶点位置都会更改，来产生扭曲效果。

3.3.1 "编辑多边形"修改命令

"编辑多边形"修改命令是高级建模最常用的修改命令之一，可以对物体的局部进行编辑修改。它可以对物体的顶点、边、边界、多边形面以及元素进行修改，对模型进行精细的点面加工(此外"编辑网格"修改命令也是高级建模最常用的修改命令之一，其用法与"编辑多边形"基本相同，本书就不再详述)。

选中要编辑的几何体对象，然后单击 按钮进入修改器面板。在"修改器列表"中选择"编辑多边形"修改器，打开如图3.7所示的参数设置面板，共包含5个卷展栏。

在默认情况下，整个对象处于被选中的状态，此时可以对对象进行整体的操作。下面对各卷展栏分别进行介绍。

1."编辑多边形模式"卷展栏

在此卷展栏下，可选择编辑多边形的模式，分为"模型"和"动画"两种编辑模式。

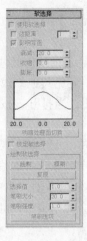

图 3.7 参数设置面板

2. "选择"卷展栏

"选择"卷展栏的功能选项如下。

最上部的 5 个快捷功能按钮分别对应了堆栈栏中的"顶点"、"边"、"边界"、"多边形"、"元素"子层级,如图 3.8 所示。

图 3.8 "编辑多边形"子层级

顶点:启用"顶点"子对象层级。使用该层级,用于选择光标下的多边形的顶点;选择区域时可以选择该区域内的顶点,并进行编辑。

边:启用"边"子对象层级。使用该层级,用于选择光标下的多边形边;选择区域时可以选择该区域内的边,并进行编辑。

边界:启用"边界"子对象层级。使用该层级,可以选择对象的边界。"边界"是指:如果一条边并没有连接两个面,而是只有一侧的面相连,那么这条线就称为该面的边界。边界始终由面只位于其中一边的边组成,并且始终是完整的环。

当"边界"子对象层级处于活动状态时,不能选择边界中的边。单击边界上的单个边会选择整个边界。

多边形:启用"多边形"子对象层级。使用该层级,可以选择光标下的多边形的多边形面。区域选择可选中区域中的多个多边形,并进行编辑。

元素:启用"元素"子对象层级。使用该层级,从中选择对象中的所有连续多边形。区域选择用于选择多个元素。

按顶点:选中该复选框后,只有通过选择所用的顶点,才能选择子对象。单击某一顶点时,会选择使用该顶点的所有子对象。

忽略背面:选中该复选框后,只能选择那些法线能够在视图中直接显示的对象,也就是只能选择用户可见的面,此选项的作用在于避免误选不可见的面。此选项默认为禁用状态,禁用时,无论可见性或面向方向如何,都可以选择鼠标光标下的任何子对象,区域选择都包括了所有的子对象。

【特别提示】

"显示"面板中的"背面消隐"设置的状态不影响子对象选择。如果"忽略背面"复选框已禁用,即使看不到它们,仍然可以选择子对象。

按角度:选中该复选框并选择某个多边形时,可以根据复选框右侧的角度设置选择邻近的多边形,该值可以确定要选择的邻近多边形之间的最大角度。仅在"多边形"子对象层级可用。使用该功能可以加快连续区域的选择速度。

收缩:通过取消选择最外部子对象来减少子对象选择区域。如果不再减少选择大小,则可以取消选择其余的子对象。

扩大:在所有可用的方向向外扩展选择区域。

3. "软选择"卷展栏

"软选择"卷展栏的作用是将选中的对象进行柔化处理。如图 3.9 所示使用软选择前拖拉单独点的效果,如图 3.10 所示使用软选择并设定一定衰减值后拖拉单独点的效果。

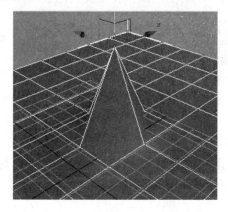
图 3.9 使用软选择前拖拉单独点的效果

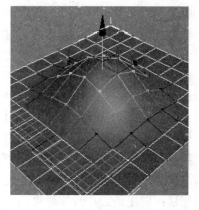
图 3.10 使用软选择后拖拉单独点的效果

使用软选择:选中此复选框,"软选择"卷展栏的其他选项将被激活,默认情况下为未选中状态。下面的曲线用于显示周围对象受选择对象的影响情况。

边距离:此选项为微调框,数字代表以选择点为中心,多少边的范围内的对象会受到影响。

影响背面:选中此复选框,软选择将会影响到对象背面,若禁用此复选框,则可避免选中局部表面的背面或相邻面。默认情况为选中状态。

衰减:此选项为微调框,确定影响区域的总体大小。

收缩:此选项为微调框,设置曲线形状及其影响区域。

膨胀:此选项为微调框,设置曲线的曲率。

明暗处理面切换(着色面切换):此按钮用于显示颜色渐变,只有在编辑面片和多边形对象时才可用。

锁定软选择:此复选框用于锁定软选择,以防止更改已设置的选择。使用"绘制软选择"会自动启用此选项。如果在使用"绘制软选择"后禁用它，绘制的软选择就会丢失。

绘制：可以用鼠标直接在对象曲面上绘制出软选择的区域，可以绘制出任意的图形。

模糊：可以通过绘制来软化现有绘制软选择的轮廓。

复原：可以通过在对象曲面上拖动鼠标光标绘制，以还原对象的软选择。"复原"仅影响绘制的软选择，而不会影响正常意义上的软选择。

选择值：绘制或还原的软选择的最大相对选择。默认设置为1.0。

笔刷大小：此选项可设置绘制软选择的圆形笔刷的半径大小。

笔刷强度：此选项可设置绘制软选择的笔刷的强度(速率)。

笔刷选项：此按钮可打开"绘制选项"对话框，在该对话框中可以设置笔刷的相关属性。

4. "编辑几何体"卷展栏

"编辑几何体"卷展栏集中包括了修改器的大部分编辑命令。修改器不同编辑层级会出现不同的编辑命令，当选择一个层级时，不可用的操作将呈现灰色状态。

重复上一个：重复最近使用的命令。

约束：可使用现有几何体约束对象的变换，其下拉列表中有 3 种可选约束类型。无：无约束。边：约束顶点到边界的变换。面：约束顶点到曲面的变换。

保持 UV：选中此复选框，可以在编辑对象时不影响对象的 UV 贴图。默认设置为未选中状态，在未选中状态下，对象的几何体与其 UV 贴图之间始终存在直接对应关系，贴图纹理会随着对象的编辑而移动。

单击该选项右侧的■按钮，可打开"保持贴图通道"对话框。使用该对话框，可以指定要保持的顶点颜色通道和/或纹理通道(贴图通道)。默认情况下，所有顶点颜色通道都处于禁用状态，而所有的纹理通道都处于启用状态。

创建：创建新的几何体对象。

塌陷：通过将其顶点与选择中心的顶点焊接，使一组选定边缘合并为一个。此选项仅限于"顶点"、"边"、"边框"和"多边形"层级。

附加：将场景中的其他对象与所选定的可编辑多边形附加形成一个整体。所附加的对象可以是样条线、片面对象、体和 NURBS 曲线等。附加操作后，原来的对象会变为可编辑多边形格式的对象。

单击该按钮右侧的■按钮，可打开"选择对象"对话框，可以在其中选择要附加的多个对象。

分离：将选定的子对象与原来的对象分离，成为单个对象，同时与这些对象相连的面也被分离。使用"作为克隆对象分离"选项，可以复制子对象，但不能移动它们。

切片平面：为将要切割的平面建立 Gizmo 工具，可以定位和旋转，来确定切片位置。要恢复默认位置，单击"重置平面"按钮，要执行切片操作，则单击"切片"按钮。

分割：启用时，通过"迅速切片"和"切割"操作，系统会在操作处产生双重作用，还可以将新建的面作为单独的元素进行操作。

切片：在切片平面位置处执行切片操作，只有启用"切片平面"时，此按钮才可用。

重置平面：将"切片平面"恢复到默认位置和方向。

迅速切片(Quick Slice)：可以在不用"切片平面"的情况下，将对象快速切片。对将切片的平面进行选择，单击"迅速切片"按钮，然后在切片的起点和终点处各单击一次即可。

切割：在两条边上的任意两点间建立新边。

网格平滑：使用细分功能，使用当前设置将对象平滑处理。它与"网格平滑"修改器中的"NURMS 细分"类似，但是不同的是它立即将平滑应用到选定区域上。

细化：用来细分对象中的所有多边形。增加局部网格密度和建立模型时，可以使用细化功能。

单击该按钮右侧的■按钮，可打开"细化设置"对话框，用于指定平滑应用方式。

平面化：强制性地使所有选中的对象组成一个共面，这个新建平面的法线位置是选择的平均曲面法线。

视图对齐：用来对齐当前视图所在平面上的选择点。

栅格对齐：用来对齐当前网格平面上的选择点。

松弛：应用"松弛"时，每个顶点会朝着相邻顶点的平均位置移动，相邻顶点和当前顶点共享可视边，用以规格化网格空间，其工作方式与"松弛"修改器相同。

单击该选项右侧的■按钮，可打开"松弛设置"对话框。使用该对话框，可指定"松弛"功能应用方式。

隐藏选定对象(仅限于顶点、多边形和元素级别)：用于隐藏所选对象。

全部取消隐藏(仅限于顶点、多边形和元素层级)：用于还原被隐藏对象使之可见。

隐藏未选定对象：用于隐藏未被选定的对象。

复制：打开一个对话框，使用其指定要复制的命名选择集，并复制到复制缓冲区。

粘贴：将所复制的对象从复制缓冲区中粘贴出来。

删除孤立顶点：可删除所有孤立的点，不管当前是否被选择，均可删除。

5."绘制变形"卷展栏

推/拉：用于将顶点移入对象曲面内(推)或移出对象曲面外(拉)。推/拉的方向和范围由"推/拉值"的设定所决定。

松弛：应用"松弛"时，每个顶点会移动到由它的邻近顶点平均位置所计算出来的位置，用以规格化顶点之间的距离。使用此选项可以将靠得太近的顶点推开，或将离得太远的顶点拉近。

推/拉方向：这是一个设置组，用以指定对顶点的推/拉根据什么进行，默认设置为"原始法线"。

原始法线：选中此单选按钮后，应用的推/拉会使顶点以它变形之前的最原始的法线方向进行移动。

变形法线：选中此单选按钮后，应用的推/拉会使顶点以它现在的法线方向，即变形之后的法线方向进行移动。

变换轴 X/Y/Z：应用的推/拉会使顶点沿着指定的轴进行移动。

推/拉值：用于确定单个推/拉操作应用的方向和最大范围。

笔刷大小：用于设置圆形笔刷的半径。

笔刷强度：用于设置笔刷应用"推/拉"值的强度，即速率。

笔刷选项：单击该按钮可以打开"绘制选项"对话框并设置笔刷相关的参数。

3.3.2 "FFD"修改命令

FFD 修改命令即"自由变形"修改命令。自由变形类命令是对物体进行空间变形修改的一种修改器，用于变形几何体。它由一组称为格子的控制点组成。通过移动控制点，其下面的几何体也跟着变形。修改器下拉列表中包含 5 种 FFD 自有变形修改命令，分为"FFD2×2×2"（即长、宽、高各 2 个控制点），"FFD3×3×3"（即长、宽、高各 3 个控制点），"FFD4×4×4"（即长、宽、高各 4 个控制点），"FFD(长方体)"（即对长方体的编辑）和"FFD(圆柱体)"（即对圆柱体的编辑）。

选择要进行编辑的几何体对象，然后单击 按钮进入修改器面板，在"修改器列表"中选择任何一种 FFD 修改命令，这里以"FFD3×3×3"为例。单击 中的+号按钮，弹出其下拉列表，FFD 编辑修改器有 3 个次对象层次，如图 3.11 所示。

(1) 控制点：在此层级，可以单独或者成组变换控制点。操纵控制点变换，其下面的几何体也跟着变化。

(2) 晶格：在此层级，可以独立于几何体外，移动或缩放晶格时，仅位于体积内的顶点子集合可以应用局部变形，以便改变编辑修改器对几何体的影响。

(3) 设置体积：在此层级，变形晶格控制点变为绿色，可以选择并操作控制点而不影响修改对象，以便使晶格更精确地适配不规则几何体。

下面将以"FFD3×3×3"的使用方法为例，通过 FFD 修改器将长方体调整为半拱形的造型。

首先在"创建"命令面板中创建一个长度为 80、宽度为 110、高度为 10 的长方体，并将长度分段及宽度分段均改为 4，高度分段为 1。

【特别提示】

将长方体长宽的段数都设为 4，是为了在 FFD 修改长方体时有造型上的变化，如果没有分段数的话，变形效果将不明显。

然后进入修改器面板，从"修改器列表"中为其选择"FFD3×3×3"修改器，这时可看到长方体被加上了一个橘黄色的外框，并且在外框的每个边上都有 3 个正方形的控制点，拖动控制点，即可改变长方体的外形。如图 3.12 所示 FFD 修改器的参数卷展栏。

图 3.11 FFD 次对象层次　　　　图 3.12 FFD 修改器的参数卷展栏

FFD 修改器的参数卷展栏包含 3 个主要区域。

(1)"显示"区域,控制是否在视口中显示晶格,还可以按没有变形的样子显示晶格。

(2)"变形"区域,可以指定编辑修改器是否影响晶格外面的几何体。

(3)"控制点"区域,可以将所有控制点设置回它的原始位置,并使晶格自动适应几何体。

在使用 FFD 修改器时,要使被修改物的造型发生变形,要在 FFD 的子层级——"控制点"层级进行调整,可以使用移动、旋转、缩放工具直接对这些控制点进行调整。

单击  中 按钮,在弹出的下拉列表中选择"控制点"层级,然后使用选择并移动工具拖动长方体顶面中间的 3 个控制点,结果如图 3.13 所示。

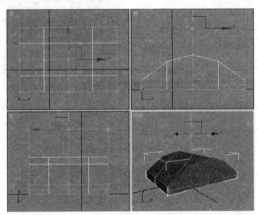

图 3.13 调整控制点后物体造型

3.3.3 "弯曲"修改命令

"弯曲"修改命令的主要功能是对物体进行弯曲修改,用户所创建的实体造型都可根据需要施加"弯曲"修改命令,也可以通过参数调整将弯曲效果控制在一定的范围内。下面以一个圆柱体为例进行弯曲修改。

首先单击按钮,在"创建"命令面板中创建一个半径为10mm、高度为100mm、高度分段为5mm、边数为18根的圆柱体。

▶ 【特别提示】

将圆柱体的高度分段数设为5mm,边数为18根,是为了在弯曲修改后,圆柱体造型上能够产生变化,如果没有段数或段数较少,在进行弯曲修改后,圆柱体只能发生倾斜效果或被弯曲的表面不够光滑,分段数越高,物体越光滑。

然后单击 按钮进入修改器面板,从"修改器列表"中为其选择"弯曲"修改器。这时可在视图中看到圆柱体被加上了一个橘黄色的外框,这个外框可以控制物体的变形。如图3.14所示弯曲修改器的参数卷展栏。弯曲修改器的参数卷展栏包含3个主要区域。

(1)"弯曲"区域控制物体弯曲的角度大小和朝向的方向。

(2)"弯曲轴"区域可以指定弯曲沿着哪一个轴进行,系统默认为Z轴。

(3)"限制"区域可以设置弯曲的上限和下限,也就是弯曲的起始点,在上限和下限之外,物体将不发生弯曲变化,默认为禁用状态。

仅将弯曲修改器参数面板上的"角度"值设置为90°,而不更改其他值,得到的效果如图3.15所示。

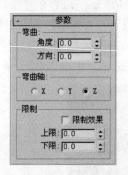
图3.14 弯曲修改器的参数卷展栏

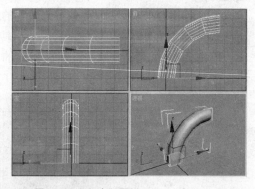
图3.15 "角度"值为90°的弯曲效果

若将弯曲修改器参数面板上的"角度"值设置为90°,"方向"值设定为45度,则得到的效果如图3.16所示。

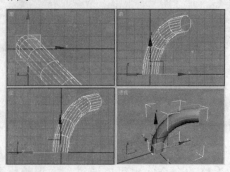
图3.16 "角度"值为90°,"方向"值为45°的弯曲效果

若在刚才"角度"值为 90°,"方向"值为 45° 的基础上,将"弯曲轴"改为 X 轴,弯曲变化则沿着 X 轴进行,得到的效果如图 3.17 所示。

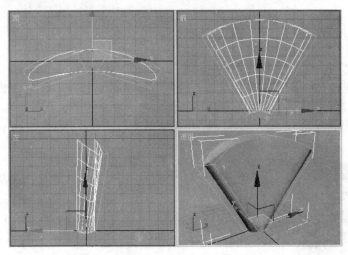

图 3.17 "角度"值 90°,"方向"值 45°,"弯曲轴"为 X 轴的弯曲效果

下面给圆柱体的弯曲加上限制效果:将"角度"值设置为 90°,"方向"值设为 0°,"弯曲轴"为默认的 Z 轴的情况下,选中"限制"区域内的"限制效果"复选框,并设置"上限"值为 40。由于最初设置的圆柱体总高度为 100,为此圆柱体高度值在 40~100 之间均不发生弯曲变化,只有 30 以下的区域发生弯曲变化,在上限的位置出现了一条橘红色的分隔框,效果如图 3.18 所示。

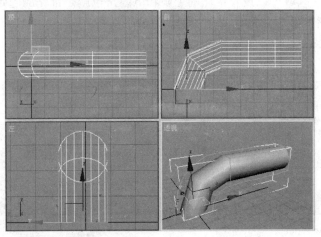

图 3.18 "角度"值 90°,"方向"值 0°,"弯曲轴"为 Z 轴,"上限"为 40° 的弯曲效果

3.3.4 "锥化"修改命令

"锥化"修改命令是通过缩放物体的两端而使物体轮廓造型产生锥变形,可以限制物体局部锥化的效果。可以在创建的基础造型上加入锥化修改命令,使物体产生新的造型。下面以一个圆柱体为例进行锥化修改。

首先单击按钮,在"创建"命令面板中创建一个半径为40、高度为80、高度分段为10、边数为20的圆柱体。

【特别提示】

将圆柱体的高度分段数设为10,边数为20,是为了在锥化修改后,改变曲线值,圆柱体造型上能够产生曲线变化,如果没有段数或段数较少,在进行锥化修改并更改曲线值后,圆柱体无法产生弯曲锥化效果或被弯曲的表面不够光滑,分段数越高,物体越光滑。

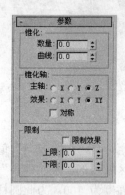

图3.19 锥化修改器参数卷展栏

然后单击按钮,进入修改器面板,从"修改器列表"中选择"锥化"修改器,这时可在视图中看到圆柱体被加上了一个橘黄色的外框,这个外框可以控制物体的变形。如图3.19所示锥化修改器的参数卷展栏。锥化修改器的参数卷展栏包含3个主要区域。

(1)"锥化"区域控制物体锥化的倾斜程度和弯曲程度。

(2)"锥化轴"区域可以指定锥化沿着哪一个轴进行。其中"主轴"为锥化的基本依据轴向,系统默认为Z轴;"效果"为锥化效果在哪一个轴产生,系统默认为XY轴。

(3)"限制"区域可以设置锥化的上限和下限,也就是锥化的起始点,在上限和下限之外,物体将不发生锥化变化。默认为禁用状态。

仅将锥化修改器参数面板上的"数量"值设置为0.5,而不更改其他值,则锥化效果为直线锥化,得到的效果如图3.20所示。

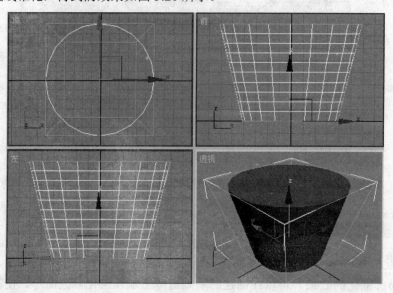

图3.20 锥化"数量"为0.5的锥化效果

若将锥化修改器参数面板上的"数量"值设置为 0.5，"曲线"值设定为 2，则效果如图 3.21 所示(注意：曲线值为正值，锥化边沿向外弯曲，曲线值为负值，锥化边沿向内弯曲)。

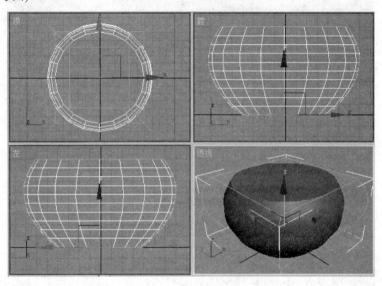

图 3.21 锥化"数量"为 0.5，"曲线"为 2 的锥化效果

同理，若将锥化修改器参数面板上的"数量"值设置为 0.5，"曲线"值设定为 -2，则效果如图 3.22 所示。

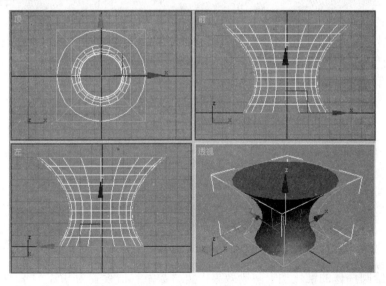

图 3.22 锥化"数量"为 0.5，"曲线"为-2 的锥化效果

若在刚才"数量"值为 0.5，"曲线"值为-2 的基础上，将锥化主轴改为 X 轴，锥化变化则沿着 X 轴进行，而下面的效果轴则自动变为 ZY 轴。效果如图 3.23 所示。

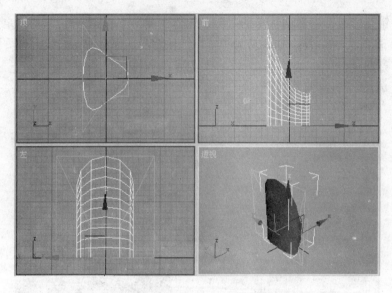

图 3.23 锥化"数量"为 0.5，"曲线"为-2，主轴为 X 轴的锥化效果

若在刚才"数量"值为 0.5，"曲线"值为-2 的基础上，锥化主轴仍为默认的 Z 轴，而将效果轴改为 X 轴，则锥化变化仍沿着 Z 轴进行，但只在 X 轴显现变化。效果如图 3.24 所示。

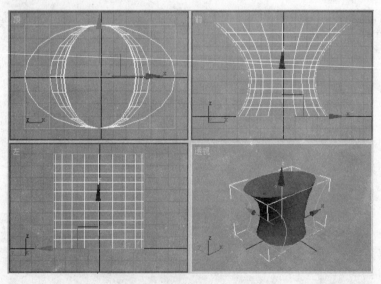

图 3.24 锥化"数量"为 0.5，"曲线"为-2，效果轴为 X 轴的锥化效果

下面给圆柱体的锥化加上限制效果：将"数量"值设置为 0.5，"曲线"值设为 2，主轴和效果轴都为默认的情况下，选中"限制"区域内的"限制效果"复选框，并设置"上限"值为 50，"下限"值为 10，因为最初设置的圆柱体总高度为 80，因此圆柱体高度值在 50～80 之间，以及 10 以下均不发生锥化变化，只有中间部分，即 10～50 的区域发生锥化变化，在上限和下限的位置分别出现了一条橘红色的分隔框，效果如图 3.25 所示。

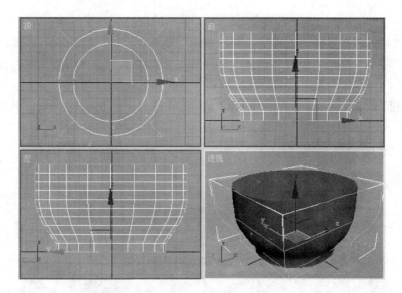

图 3.25 锥化"数量"为 0.5,"曲线"为 2,"上限"为 50,"下限"为 10 的锥化效果

利用"锥化"修改命令可以做出诸如石凳、花瓶、碗状物等许多不同的造型。

3.3.5 "拉伸"修改命令

"拉伸"修改命令是模拟传统的挤压和拉伸动画效果,在保持体积不变的前提下,沿着指定轴向拉伸或挤压物体,并沿着剩余的两个副轴应用相反的缩放效果。下面以一个茶壶为例进行拉伸修改。

首先单击 按钮,在"创建"命令面板中,创建一个半径为 40、分段数为 4 的茶壶。

然后单击 按钮,进入修改器面板,从"修改器列表"中为其选择"拉伸"修改器,这时可在视图中看到茶壶被加上了一个橘黄色的方形外框,这个外框可以控制物体的变形。如图 3.26 所示拉伸修改器的参数卷展栏。拉伸修改器的参数卷展栏包含 3 个主要区域。

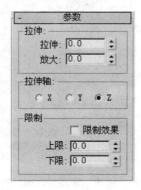

图 3.26 拉伸修改器的参数卷展栏

(1)"拉伸"区域控制物体的拉伸缩放量。其中"拉伸"是基本的缩放,而"放

大"则是在"拉伸"基础上生成倍增,若为负值,则拉伸效果减小。

(2) "拉伸轴"区域可以指定拉伸沿着哪一个轴进行,系统默认为 Z 轴。

(3) "限制"区域可以设置拉伸的上限和下限,也就是拉伸的起始点,在上限和下限之外,物体将不发生拉伸变化,默认为禁用状态。

仅将拉伸修改器参数面板上的"拉伸"值设置为正值 0.9,而不更改其他值,则效果如图 3.27 所示。

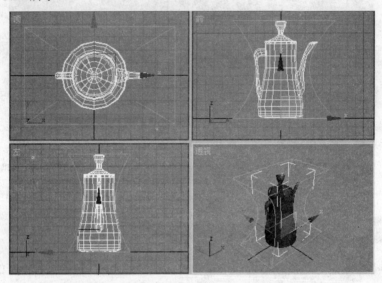

图 3.27 "拉伸"值为 0.9 的拉伸效果

若将拉伸修改器参数面板上的"拉伸"值设置为负值,则效果如图 3.28 所示。

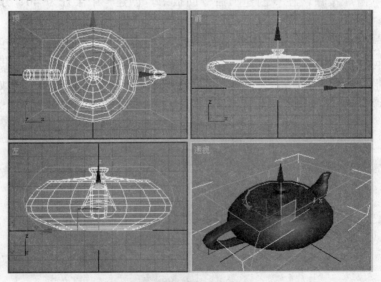

图 3.28 "拉伸"值为-0.4 的拉伸效果

若在刚才基础上,仍将拉伸修改器参数面板上的"拉伸"值设置为-0.4,而"拉伸轴"改为 X 轴,拉伸变化则会沿着 X 轴进行,效果如图 3.29 所示。

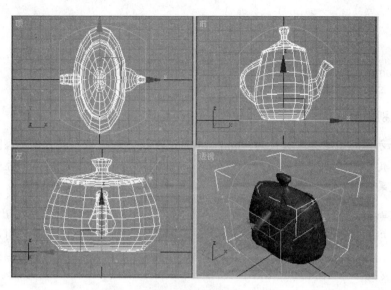

图 3.29 "拉伸"值为-0.4,"拉伸轴"为 X 轴的拉伸效果

下面给茶壶的拉伸加上限制效果:将"拉伸"值设置为 0.9,选中"限制"区域内的"限制效果"复选框,并设置"上限"值为 30,"下限"值为-10,其他为默认,因为设置了上下限值,因此茶壶高度值 30 以上以及-10 以下均不发生拉伸变化。而因为下限值设置成了负值,因此拉伸变化一直延伸到了茶壶之外的-10 位置,只有中间部分,即-10~30 的区域发生拉伸变化,在上限和下限的位置分别出现了一条橘红色的分隔框,可以看到下限位置的分隔框在茶壶之下的位置,效果如图 3.30 所示。

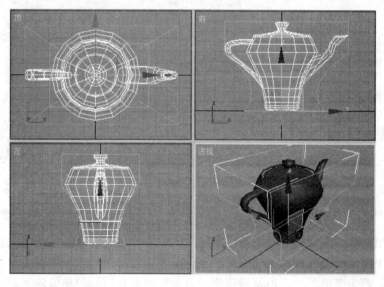

图 3.30 "拉伸"值为 0.9,"上限"为 30,"下限"为-10 的拉伸效果

3.3.6 "扭曲"修改命令

"扭曲"修改命令可以沿着指定轴向扭曲物体表面的顶点,产生扭曲旋转变形的

表面效果。下面以一个长方体为例进行扭曲修改。

首先单击 按钮,在"创建"命令面板中创建一个长度为40mm、宽度为40mm、高度为80mm、高度分段为9mm 的长方体。

> 【特别提示】
>
> 将长方体的高度分段数设为 9mm,是为了在扭曲修改后,长方体造型上能够产生曲线变化。如果没有段数或段数较少,在进行扭曲修改后,长方体只能够产生直线扭曲效果或被扭曲的表面不够光滑,分段数越高,物体越光滑。

然后单击 按钮,进入修改器面板,从"修改器列表"中为其选择"扭曲"修改器,这时可在视图中看到长方体被加上了一个橘黄色的外框,这个外框可以控制物体的变形。如图 3.31 所示扭曲修改器的参数卷展栏。扭曲修改器的参数卷展栏包含 3 个主要区域。

(1) "扭曲"区域控制物体扭曲的角度和偏移程度。

(2) "扭曲轴"区域可以指定扭曲沿着哪一个轴进行,系统默认为 Z 轴。

(3) "限制"区域可以设置扭曲的上限和下限,也就是扭曲的起始点,在上限和下限之外,物体将不发生扭曲变化。默认为禁用状态。

仅将扭曲修改器参数面板上的"角度"值设置为 100,而不更改其他值,则扭曲效果为均匀扭曲,效果如图 3.32 所示。

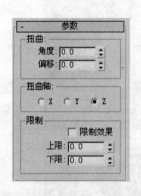

图 3.31 扭曲修改器的参数卷展栏　　　图 3.32 "角度"值为 100 的扭曲效果

若将扭曲修改器参数面板上的"角度"值设置为 100,"偏移"值设置为 70,则扭曲效果出现向上偏移,上部扭曲严重,下部扭曲轻微,效果如图 3.33 所示。

同理,若角度值不变,而将偏移值设为负值,则会得到扭曲偏向下部的效果。

下面给长方体的扭曲加上限制效果:将"角度"值设置为 130,"偏移"值为 0,选中"限制"区域内的"限制效果"复选框,并设置"上限"值为 65,"下限"值为 30,其他为默认。因为设置了上下限值,因此长方体高度值 65 以上,以及 30 以下均不发生扭曲变化,只有中间部分,即 30～65 的区域发生扭曲变化,在上限和下限的位置分别出现了一条橘红色的分隔框，效果如图 3.34 所示。

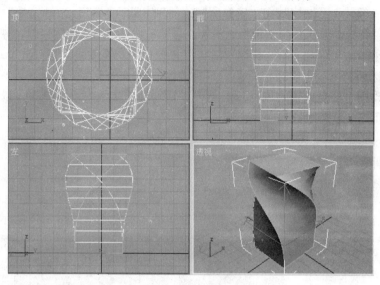

图 3.33 "角度"值为 100，"偏移"值为 70 的扭曲效果

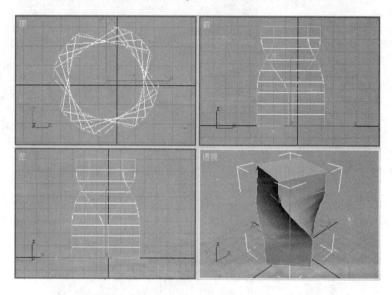

图 3.34 "角度"值为 130，"偏移"值为 0，"上限"值为 65，"下限"值为 30 的扭曲效果

3.3.7 "镜像"修改命令

"镜像"修改命令，是将模型沿某个坐标平面对称地复制一个的命令。可以对任何类型的几何体应用镜像修改器。下面以一个茶壶为例进行镜像修改。

首先单击 按钮，在"创建"命令面板中创建一个茶壶。

然后单击 按钮，进入修改器面板，从"修改器列表"中为其选择"镜像"修改器，这时可在视图中看到茶壶被加上了一个橘黄色的方形外框，这个外框可以控制物体的变形。如图 3.35 所示镜像修改器的参数卷展栏。镜像修改器的参数卷展栏包含两个主要区域。

(1)"镜像轴"区域控制物体镜像所围绕的轴。此区域有沿 X 轴镜像、沿 Y 轴镜像、沿 Z 轴镜像、沿 XY 两轴镜像、沿 YZ 两轴镜像、沿 ZX 两轴镜像，共 6 种镜像轴可以选择。默认情况下，选择选项时可以在视口中观察效果。

(2)"选项"区域可以指定镜像同时所进行的物体的偏移和复制。其中"偏移"是以单位数指定从镜像轴的偏移。这是可设置动画的参数。"复制"可以在镜像的同时复制几何体，而不只是镜像几何体。

【特别提示】

"复制"复选框只影响具有三角形网格的几何体。

默认情况下，物体沿 X 轴镜像，没有发生偏移及复制，如图 3.36 所示。

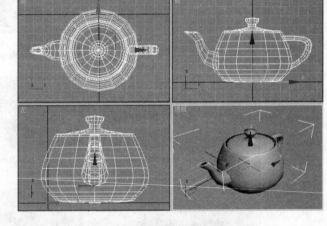

图 3.35　镜像修改器的参数卷展栏　　　　图 3.36　默认沿 X 轴的镜像效果

若将镜像修改器参数卷展栏上的"偏移"值设置为 100，则镜像效果出现沿 X 轴向右偏移 100 个坐标值，效果如图 3.37 所示。

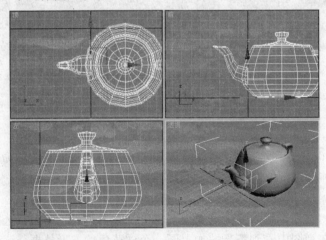

图 3.37　"镜像轴"为 X 轴，"偏移"值为 100 的镜像效果

同理，若沿其他轴镜像，则偏移会沿着所镜像的轴进行，如图 3.38 所示"镜像轴"为 Z 轴、无偏移的效果；如图 3.39 所示"镜像轴"为 Z 轴、"偏移"值为 100 的镜像效果。可以看到，偏移后，物体沿 Z 轴向上偏移 100 个坐标值。

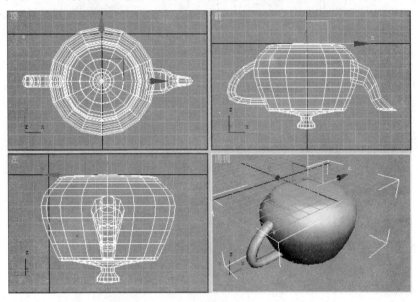

图 3.38 "镜像轴"为 Z 轴，无偏移效果

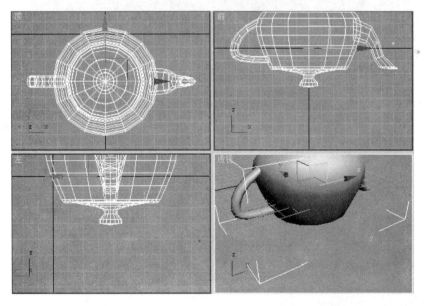

图 3.39 "镜像轴"为 Z 轴，"偏移"值为 100 的镜像效果

如果在镜像的同时，还想要保留原物体，就选中镜像修改器参数卷展栏中的"复制"复选框，那么，所镜像的即为复制后的物体，原物体仍然保留在原位。如图 3.40 所示"镜像轴"为 X 轴、"偏移"值为 0、选中"复制"的镜像效果。因为没有设置偏移值，因此镜像后的物体与原物体重叠在同一个坐标值上。

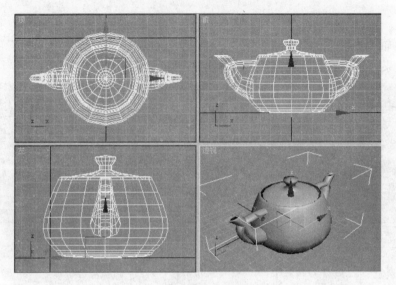

图 3.40 "镜像轴"为 X 轴,"偏移"值为 0,选中"复制"复选框的镜像效果

那么设置一定大小的偏移值后,复制后的物体坐标发生偏移,视觉上即与原物体分开,如图 3.41 所示"镜像轴"为 X 轴、"偏移"值为 200、选中"复制"复选框的镜像效果。

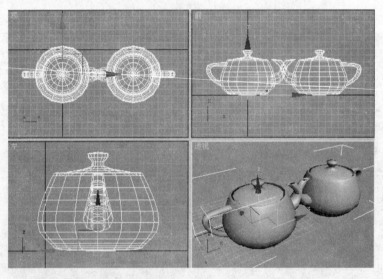

图 3.41 "镜像轴"为 X 轴,"偏移"值为 200,选中"复制"复选框的镜像效果

3.3.8 "晶格"修改命令

"晶格"修改命令是将网格对象进行线框化的命令,可以将交点转化为节点造型,将线框转化为连接支柱造型,生成框架结构,可以作用于整个物体,也可以作用于选择的次物体。这个工具常用于展示建筑结构。下面以制作一个篓子为例讲解晶格修改。

首先单击按钮,在"创建"命令面板中创建一个半径为40mm、高为90mm、高度分段为8根、边数为20根、端面分段数为3的圆柱体。

> 【特别提示】
>
> 因为晶格修改器所形成的框架是创建物体时的分段,因此将圆柱体的高度分段数设为8根,边数为20根,是为了在晶格修改后,形成横8竖20的篓子框架,而端面分段数设为3是为了形成篓子的底面,因为若按默认的端面分段数为1时,物体的底面是没有分段线的。

用右键单击透视图左上角的"透视",选择"边面"命令,即可看到显示分段线的圆柱体效果,如图3.42所示。

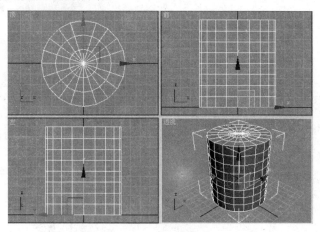

图 3.42　圆柱体效果

因为篓子是没有顶面的,因此要将顶面去掉。单击按钮,进入修改器面板,从"修改器列表"中选择"编辑多边形"修改器,然后在修改器堆栈栏单击"编辑多边形"左边的+号,展开"编辑多边形"的子对象列表,选择子对象层级"多边形",如图3.43所示。在视图中选中所有顶上的面,按 Delete 键将它删除。

然后再从"修改器列表"中为其选择"晶格"修改器,这时可在视图中看到圆柱体被加上了一个橘黄色的外框,这个外框可以控制物体的变形。右击"透视",禁用"边面"命令,可看到更清晰的效果。如图3.44所示晶格修改器的参数卷展栏。

晶格修改器的参数卷展栏包含4个主要区域。

(1)"几何体"区域用于指定是否使用整个对象或只是选中的子对象,并控制显示它们的结构支柱或节点这两个组件,或是两者皆显示。其中"应用于整个对象"复选框是将"晶格"修改应用到对象的所有边或线段上。禁用此复选框时,仅将"晶格"应用到选中的子对象,默认设置为选中状态。"仅来自顶点的节点"单选按钮是仅显示由原始网格顶点产生的节点(多面体),而不显示框架结构,如图3.45所示。"仅来自边的支柱"单选按钮是仅显示由原始网格线段产生的支柱框架结构(多面体),而不显示节点,如图3.46所示。"两者"单选按钮是框架结构和节点两者同时显示,如图3.47所示。

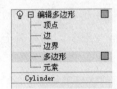

图 3.43 选择"多边形"子对象层级　　图 3.44 晶格修改器的参数卷展栏

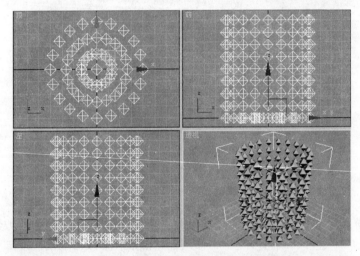

图 3.45 选中"仅来自顶点的节点"单选按钮的晶格效果

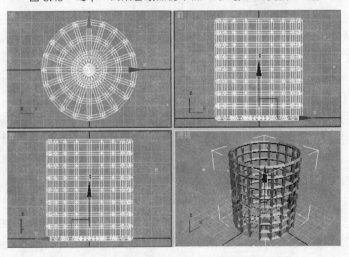

图 3.46 选中"仅来自边的支柱"单选按钮的晶格效果

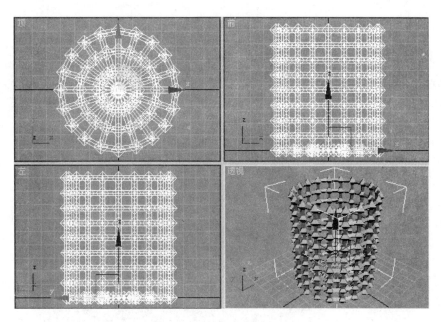

图 3.47 选中"两者"单选按钮的晶格效果

(2) "支柱"区域可以提供控制几何体结构的控件。其中"半径"微调框可以指定物体结构半径。"分段"微调框可以指定沿着结构的分段数目。当需要使用后续修改器将结构变形或扭曲时,即增加此值。"边数"微调框可以指定结构周界的边数目,边数越多,结构轮廓就越接近圆柱体。"材质 ID"微调框指定用于结构的材质 ID。若使结构和节点具有不同的材质 ID,则会更容易地将它们指定给不同的材质。结构 ID 默认为 1。"忽略隐藏边"复选框是仅生成可视边的结构,也就是分段线所形成的结构。禁用时,将生成所有边的结构,包括不可见边。默认设置为选中。"末端封口"复选框将末端封口应用于结构。默认设置为禁用。"平滑"复选框削弱结构棱角边,使结构变平滑。默认设置为禁用。

(3) "节点"区域提供控制节点几何体的控件。其中"基点面类型"是指定用于节点的多面体类型,分为"四面体"、"八面体"和"二十面体"3 种多面体类型。默认为"八面体"。"半径"微调框用于设置节点的半径。"分段"微调框用于指定节点中的分段数目,分段越多,节点的形状就越像球形。"材质 ID"微调框可用于指定节点的材质 ID。默认材质 ID 设置为 2。"平滑"复选框可削弱节点棱角边,将使节点平滑。

(4) "贴图坐标"区域用于确定指定给对象的贴图类型。其中"无"是不指定贴图。"重用现有坐标"是将当前贴图指定给对象。"新建"是将贴图用于"晶格"修改器。

下面继续簸子的制作。由于簸子的特性,因此选中"仅来自边的支柱"单选按钮,为了效果,将"边数"改为 8。为了使簸子达到更好的效果,将选中"忽略隐藏边"、"末端封口"和"平滑"复选框。

然后在"修改器列表"中再给物体选择一个"锥化"修改器,将"数量"值设置为 0.2,"曲线"值设置为-0.2,最终效果如图 3.48 所示。

【特别提示】

在锥化前一定确定"编辑多边形"处于主层级,若"编辑多边形"处于分层级时,"锥化"不可用。

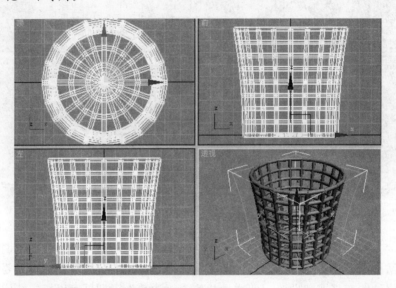

图 3.48 篓子的最终效果

3.4 综合应用案例——水龙头

首先单击 按钮,在"创建"命令面板中创建一个长度为 20、宽度为 18、高度为 16 的长方体。

单击 按钮,进入修改器面板,从"修改器列表"中选择"编辑多边形"修改器,然后在修改器堆栈栏单击"编辑多边形"左边的+号,展开"编辑多边形"的子对象列表,选择"多边形"子对象层级,如图 3.49 所示。

为了使后面的操作看得更清楚,用右键单击透视图左上角的"透视",选择"边面"命令。

选择长方体宽度侧面上相对的两个面,单击编辑多边形参数面板上"挤出"右边的"设置"按钮 ,打开"挤出多边形"对话框,如图 3.50 所示。

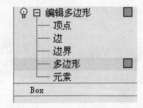

图 3.49 选择"多边形"子对象层级

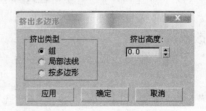

图 3.50 "挤出多边形"对话框

将"挤出高度"设为25，单击"确定"按钮。

【特别提示】

如果先单击"应用"按钮，再单击"确定"按钮，那么"挤出"操作将被应用两次。

挤出后效果如图 3.51 所示。接下来，从"编辑多边形"的子对象列表中，选择"边"子对象层级，如图 3.52 所示。

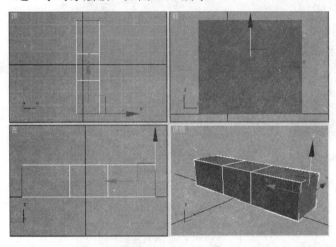
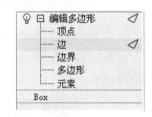

图 3.51 多边形相对两个侧面挤出 25 后的效果　　图 3.52 选择"边"子对象层级

选择挤出部分最上面的两个宽度边，用 ("选择并移动"工具)，沿 Z 轴将两侧边向下移动到合适位置，形成水龙头的底座，如图 3.53 所示。

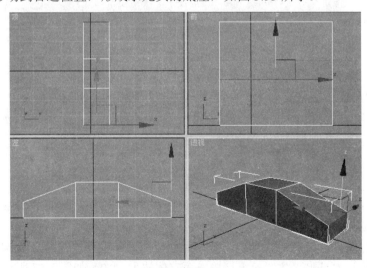

图 3.53 移动两侧边后的效果

再选择"多边形"子对象层级，选择底座正中最上面的面，在修改器参数面板上单击"挤出"右侧的"设置"按钮，将"挤出高度"设为25。

选择挤出后最上面的面，用 ↺ ("选择并旋转"工具)沿 X 轴向前翻转 10 度左右。然后用 ▫ ("选择并均匀缩放"工具)，沿 X 轴将此面缩小 1/10，如图 3.54 所示的效果。

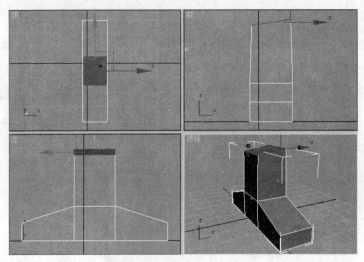

图 3.54　底座挤出 25，顶面翻转并缩小 1/10 后的效果

将此面再次挤出 16 个单位，顶面翻转 30 度左右，沿 X 轴缩小 1/5，并用 ✦ ("选择并移动"工具)，沿 X 轴及 Z 轴向前向下轻微移动，如图 3.55 所示的位置。

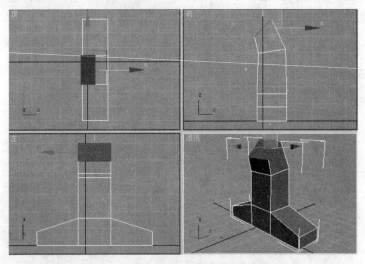

图 3.55　再次挤出翻转并沿 X 轴缩小的效果

再将顶面挤出 16 个单位，翻转至与地面成 80 度左右夹角，沿 Z 轴缩小 1/4，并沿 X 轴及 Z 轴向前向下拖动，如图 3.56 所示的位置。

将挤出面再次挤出 8 个单位，翻转此面至与地面垂直，并沿 Z 轴向下移动，使挤出的方体基本呈水平放置，再将挤出面整体放大 1/10，如图 3.57 所示。

将挤出面再次挤出 15 个单位，挤出的这一块立方体部分将作为水龙头出水部位，暂命名为 A。将挤出面沿 Z 轴放大 1/5，并沿 Z 轴向下略微移动，使水龙头顶部基本成一条线，如图 3.58 所示。

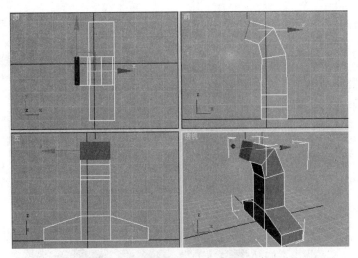

图 3.56 再次挤出翻转并沿 Z 轴缩小的效果

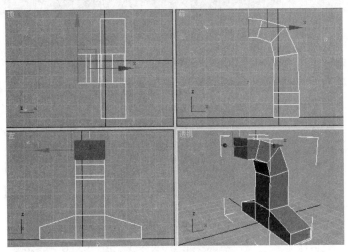

图 3.57 再次挤出并翻转、沿 Z 轴移动并放大 1/10 的效果

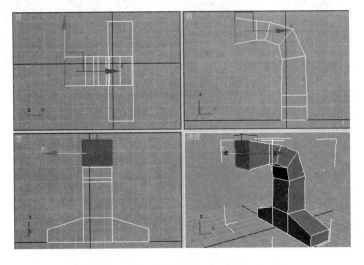

图 3.58 挤出、沿 Z 轴放大 1/5 并移动的效果

将挤出面再次挤出 4 个单位，再将挤出面整体缩小 1/2，作为水龙头头部的圆滑部位，如图 3.59 所示。

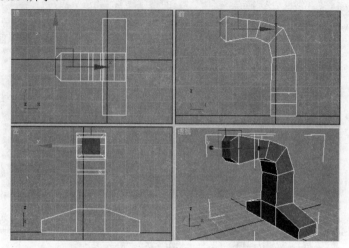

图 3.59　挤出并缩小 1/2 的效果

下面开始做水龙头的出水口，更改视图的视角，在刚才命名的立方体 A 部分，用"选择并移动"工具选择其底部的面，挤出 3 个单位，并将此面沿 X 轴移动及旋转，使其与地面基本平行，如图 3.60 所示。

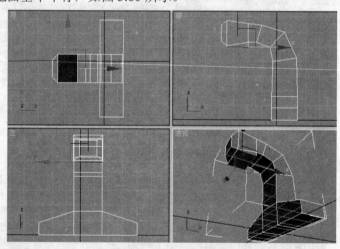

图 3.60　挤出、移动并旋转的效果

在编辑多边形修改器参数面板上，单击"插入"右边的 按钮，出现"插入多边形"对话框，将"插入量"改为 1.5，如图 3.61 所示。

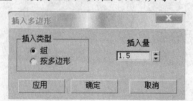

图 3.61　"插入多边形"对话框

将插入的面挤出 3 个单位，得到如图 3.62 所示的效果。

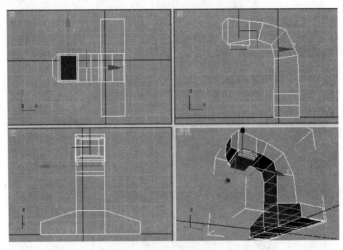

图 3.62　挤出 3 个单位的效果

再将挤出面插入 1 个单位，再挤出-3 个单位(负值即为向内挤出)，得到如图 3.63 所示的效果。至此，水龙头的基本架构已经完成。

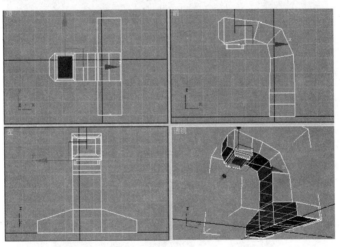

图 3.63　插入 1 个单位，挤出-3 个单位的效果

接下来，从"修改器列表"中选择"网格平滑"修改器，得到如图 3.64 所示的效果。

为了使物体更加平滑、真实，在"网格平滑"修改器参数面板中，将"迭代次数"设置为 3。去掉"边面"效果，并将颜色块▢更改为白色，得到的最终效果如图 3.65、图 3.66 所示。

若觉得最终效果不够好，可以在"编辑多边形"层级，单击修改器堆栈控制工具"显示最终结果开关"按钮▯，切换到网格平滑前的方体状态，此工具按钮变为▯状态。通过对多边形面的移动、旋转等操作，继续调整、修改。并可不时单击▯按钮查看效果，当修改完成后，再次单击▯按钮就可以了。

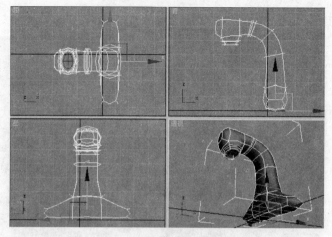

图 3.64 "网格平滑"后的效果

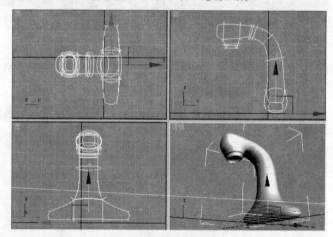

图 3.65 最终效果 1

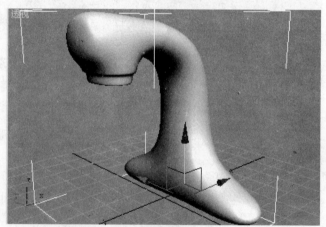

图 3.66 最终效果 2

同理,还可用这种方法为水龙头下面加上一个水池,同学们可自行练习,本书就不再赘述。

本 章 小 结

本章主要讲解常用修改器对物体进行修改时的应用方法,创建物体后可以通过修改命令面板对物体进行修改,包括几何体、图形、灯光和摄影机等。修改时可以为每个对象指定一组自己的创建参数,编辑时可以针对其参数进行修改。使用修改器时不仅要注意参数的使用,还要注意子对象的选择,因为有些参数必须在选择正确的子对象之后才能使用。

习 题

1. 填空题

(1) 修改器堆栈用于显示＿＿＿＿＿＿,其中包括对象的＿＿＿＿＿＿和＿＿＿＿＿＿。

(2) ＿＿＿＿＿＿修改命令可以使选择对象沿某一轴向弯曲一定的角度,使用该命令时一定要设置合理有效的＿＿＿＿＿＿。

(3) 编辑网格命令可以以创建复杂的模型,它的参数非常多,其中包括＿＿＿＿、＿＿＿＿、＿＿＿＿、＿＿＿＿和＿＿＿＿5个级别的子对象。

2. 简答题

(1) 简述锥化修改器的主要作用。
(2) 简述镜像修改器的主要作用。

3. 操作题

运用所学命令,设计一套客厅家具,要求查阅数据资料,按照符合实际人体比例的尺寸进行家具参数的设置。

第4章 3ds max 材质和贴图

教学目标

材质与贴图是初学者学习起来比较困难的内容，它是 3ds Max 制作过程中物体质感和整体效果表现的关键。熟练巧妙地运用材质不仅可以提高制作的效率，同时还能弥补建模的不足。要想真正掌握材质的制作方法和技巧，就需要我们平时多多进行练习，不断地调节参数、不断地渲染观察并反复重复此过程，最终就能总结出一套适合自己的材质表现方法。本章将以 3ds Max 材质与贴图的界面参数讲解及功能应用操作为主线，从材质编辑器、材质贴图修改命令、实际应用中的问题解决等几个方面，进行详细透彻的剖析。

教学要求

能力目标	知识要点	权重	自测分数
理解材质和贴图基本知识	材质和贴图知识	25%	
掌握材质编辑器用法	材质编辑器	25%	
掌握贴图坐标和类型	贴图坐标和类型	25%	
掌握复合材质和贴图	复合材质和贴图	25%	

> 章前导读

通过前面几章的学习，相信读者已掌握了运用 3ds max 绘制基本图形的相关知识，但是在实际运用中，3ds max 为人们提供了更多的条件来制作漂亮的效果图作品。如图 4.1 所示效果图已经不是简单的基本图形，而是在图形中增添了许多元素，让设计图更加精美。而这一切是如何实现的呢？答案就是设计者对这些图加入了 3ds max 材质和贴图的运用。

图 4.1 效果图

本章将对 3ds max 的材质和贴图作全面的阐述，对材料的原理、阴影、材质的分类、材质的使用技巧进行介绍，同时还讲述贴图概念、贴图的分类、贴图坐标、贴图的使用等知识。

4.1 认识材质与贴图

材质：材质制作是一个复杂的过程，3ds max 为材质制作提供了大量的参数和选项，在具体介绍这些参数之前，要对材质制作有一个全面性的理解。材质是指物体在渲染结束后所表现出来的，颜色、质感、光亮度和不透明度。在 3ds max 中，材质的编辑通过对材质编辑器的设置来完成。

贴图：在 3ds max 中，把赋予材质的图像称为贴图，已经被赋予多种图像的材质称为材质。物体被赋予了贴图后，不透明和光度等属性都产生变化。

材质描述对象如何反射或透射灯光。在材质中，贴图可以模拟纹理、应用设计、反射、折射和其他效果(贴图也可以用作环境和投射灯光)。材质编辑器是用于创建、改变和应用场景中的材质的对话框。

4.1.1 材质编辑器外观

材质编辑器如图 4.2 所示，包括示例窗、工具窗口和参数控制区等。材质编辑器可分为 4 大部分。

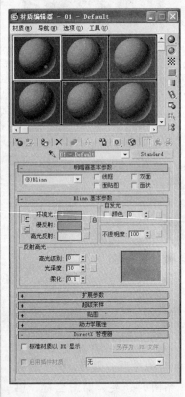

图 4.2 "材质编辑器"对话框

(1) 菜单窗口：位于材质编辑的顶端，可以从中调用各种材质编辑工具。

(2) 示例窗口：一进入材质编辑器，最醒目的是样本球窗口。它用来显示材质的调整效果，3ds max 默认有 6 个材质球，示例窗中一共有 24 个示例球可以调整，示例窗口的内容可以变大可以变小，可以是球体，也可以是几何体。

(3) 工具按钮：工具按钮是对样本球窗口进行控制和设定的工具图标区域，这些工具按钮围绕示例窗口有横和竖工具按钮，用来进行各种材质控制，水平工具大多用于材质指定、保存和层级跳跃，垂直工具大多针对示例窗口的显示。这些菜单命令与材质编辑器中的图标作用都相同。

(4) 参数控制区：材质编辑器下部是它的参数控制区，根据材质类型的不同以及贴图类型的不同，其内容也不同，一般的参数控制包括多个项目，它们分别放置在各自的控制面板上，通过伸缩条展开或收起，如果超出了材质编辑器的长度，可以通过手形进行上下滑动，与命令面板中的用法相同。

菜单窗口包含的命令如下。

1) 材质(M)

(1) 获取材质(G)：与 ![] 按钮功能相同。
(2) 从对象选取(P)：与 ![] 按钮功能相同。
(3) 按材质选择：与 ![] 按钮功能相同。
(4) 放置到场景(U)：与 ![] 按钮功能相同。
(5) 放置到库(L)：与 ![] 按钮功能相同。
(6) 更改材质和贴图类型(C)：激活材质和贴图浏览器，用于改变当前材质和贴图。
(7) 生成材质副本(K)：与 ![] 按钮功能相同。
(8) 启动放大窗口(L)：主要用于放大材质球窗口。

(9) 生成预览(E)：与 按钮功能相同。
(10) 查看预览(E)：与 按钮功能相同。
(11) 保存预览(E)：与 按钮功能相同。
(12) 显示最终结果(R)：与 按钮功能相同。
(13) 在视图中显示贴图(V)：与 按钮功能相同。

2) 导航(N)

(1) 转到父对象(P)向上键：与 按钮功能相同。
(2) 前进到同级(F)向右键：与 按钮功能相同。
(3) 后退到同级(B)向左键：与 按钮功能相反，回到前一个同级材质。

3) 选项(O)

(1) 背景(B)：与 按钮功能相同。
(2) 背光(L)：与 按钮功能相同。
(3) 循环 3*2 5*3 6*4 示例窗(Y)：3*2=6 个，5*3=15 个，6*4=24 个，3 种可以循环换。
(4) 选项(O)：与 按钮功能相同。

4) 工具(U)

按材质选择对象：与 按钮功能相同。
材质工具按钮如图 4.3 所示。

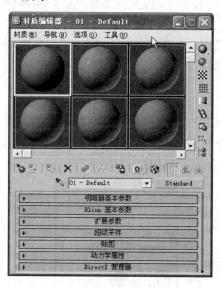

图 4.3 材质编辑器工具按钮

(1) 采样类型：用于控制示例窗口样本的形态，如球体、柱体、正方体和自定义形体。
(2) 背光：为示例窗口的样本增加一个背光效果，这样对金属材质的调节有效。
(3) 背景：为示例窗口增加一个彩色方格背景，主要是用于透明材质和不透明贴图效果的调整。
(4) 采样 UV 平铺：用来测试贴图重复的效果，这只改变示例窗中的显示，并不对实际的贴图产生影响，效果如图 4.4 所示。

   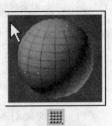

图 4.4　材质采样 UV 平铺

5) 参数控制

材质编辑器下部是它的参数控制区，根据不同的材质和贴图类型其内容也不同，调节的参数也不同。

4.1.2　获取材质与贴图

材质编辑器提供创建和编辑材质以及贴图的功能。

材质将使场景更加具有真实感。材质详细描述对象如何反射或透射灯光。材质属性与灯光属性相辅相成；着色或渲染将两者合并，用于模拟对象在真实世界设置下的情况。可以将材质应用到单个对象或选择集，一个的场景可以包含许多不同的材质。

在主工具栏上单击"材质编辑器"按钮 。"材质编辑器"对话框用于查看材质预览的示例窗。第一次查看"材质编辑器"时，材质预览具有统一的默认颜色。

1. 材质/贴图浏览器

可以用于浏览当前使用材质库中的材质和贴图效果，而且用户还可以用它来更改当前材质库的设置。在材质浏览器中单击"获取材质"按钮或"材质类型"按钮，可以进入"材质/贴图浏览器"对话框中如图 4.5 所示。

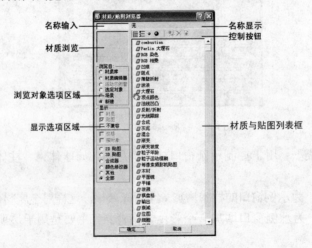

图 4.5　"材质/贴图浏览器"对话框

2. 浏览对象选项区域

(1) 材质库：显示材质中所有的材质与贴图。
(2) 材质编辑器：显示样本球的设置情况。
(3) 活动示例窗：显示目前被选择样本球的材质与贴图。
(4) 选定对象：显示场景中被选对象的材质与贴图，这样更方便于对对象的材质与贴图进行编辑。
(5) 场景：显示场景中所有对象使用的材质与贴图设置组。
(6) 新建：创建材质与贴图。

3. 显示选项区域

设置材质与贴图列表框中的显示和贴图的方式，有以下几个选项。
(1) 材质：控制是否显示材质和子材质与贴图。
(2) 贴图：勾出该选项后可以显示贴图类型，取消该选项后不显示贴图类型。

4. 文件选项区域

用于对材质与贴图文件进行处理，当选中上述浏览对象里的"新建"单选按钮，就会出现一个见图 4.5 的区域。通过它们可以设置显示贴图的类型。其中包括 2D 贴图、3D 贴图、合成器、颜色修改器、其他和全部等不同类型的贴图效果。

5. 名称显示

用于显示被选材质的名称。

6. 控制按键

用于对列表框中的显示情况进行控制。
(1) 这 4 个按钮用来控制材质效果在预览器中的显示类型。
(2) 从库中更新新场景中的材质：用材质库中同名的材质更新当前被选择的材质。
(3) 从库删除：从材质贴图库中删除被选择的材质和贴图。删除材质时只要不保存，还可以从材质库中重新载入，如果保存，结果将从硬盘上删除材质贴图文件，只有重新安装才可以恢复。
(4) 清除材质库：删除材质中所有的材质。
(5) 材质贴图列表框：用于显示所被载入的材质和贴图。
(6) 材质预览：用于预览被选择材质的情况。

7. 从场景中获取材质的步骤

(1) 单击示例窗，将其激活。不要单击随后要使用材质的示例窗。
(2) 在"材质编辑器"工具栏上，单击 按钮获取材质。显示一个无模式的材质和贴图浏览器。
(3) 在左上方的"浏览自"组框中，确保选中"选定"对象或"场景"复选框。"选定对象"复选框只列出当前选择中的材质。如果没有选定任何对象，该材质列表为空白。"场景"复选框列出了当前场景中的所有材质。

(4) 在材质列表中，双击要获取的材质名称。也可以将材质名称拖到示例窗。所选的材质将替换活动示例窗中的上一个材质。

8. 从库中获取材质

(1) 在"材质编辑器"工具栏上，单击 按钮获取材质。显示一个无模式的材质和贴图浏览器。

(2) 在左上方的"浏览自"组框中，确保选中"材质库"复选框。如果已打开库，材质列表将显示库的内容。如果没有打开库，单击"浏览器"文件区域中的"打开"，将显示文件对话框。选择库。打开库后，材质列表会更新以显示库内容。

(3) 在材质列表中，双击要获取的材质名称，也可以将材质名称拖到示例窗。所选的材质将替换活动示例窗中的上一个材质。

9. 创建独立贴图

(1) 激活一个示例窗。

(2) 在"材质编辑器"工具栏上，单击"获取材质"按钮 。

(3) 在材质和贴图浏览器中，确保选中"浏览自"的"新建"的。

(4) 在"显示"组框中，关闭"材质"以便在列表中只显示贴图。

(5) 双击要使用的贴图类型(非材质类型)的名称，或者将贴图拖到示例窗。现在，示例窗包含不与材质参数关联的独立贴图。

(6) 与任何其他贴图一样，使用"材质编辑器"修改该贴图。 默认情况下，示例窗通过将贴图显示为没有照明或明暗的 2D 曲面来区别贴图和材质。

10. 从对象中移除材质

(1) 在"材质编辑器"工具栏上单击"获取材质"按钮 ，将出现"材质/贴图浏览器"对话框。

(2) 将条目"无"从"浏览器"列表顶部拖到对象中。 现在该对象就没有应用任何材质。

4.1.3 材质基本参数介绍

在材质预览器中可以看到，材质基本参数包含：明暗基本参数用于设置基本参数的阴影形式，再通过反射基本参数对选择的阴影形式进行具体设置。

1. 明暗基本参数

这个用于为材质设置不同的阴影类型和使用材质的方式，如图 4.6 所示。单击下面的下拉列表框得到如图 4.7 所示的结果，用于选择不同着色类型。

(1) 线框：只在对象的次对象边上显示材质，而其他部分全部进行透明处理。故这种材质的效果与对象的次对象结构有关系。

(2) 双面：双边形式可以使对象的内外表面都被显示和渲染，但是内外两面的材质是相同的。

(3) 面贴图：若材质带有贴图，当材质赋予场景中的对象时，场景中的每个次对象面都是相同的。

(4) 面状：选择这种方式，无论对象表面是否光滑，对象在显示和渲染时都将次对象面处理成小平的形式显示。

图 4.6 明暗基本参数

图 4.7 着色类型列表框

2. 半透明基本参数

选择不同类型的阴影，其参数选项不尽相同，所产生的质感也有很大的差别。

基本参数：这种阴影方式是标准材质默认的方式，用于制作普通塑料、墙壁等材质，参数如图 4.8 所示。

(1) 环境光：设置材质产生阴影部分的颜色效果"3"，如图 4.9 所示。

(2) 漫反射：设置灯光照射材质时所表现的颜色效果"2"，如图 4.9 所示。

(3) 高光反射：设置材质高光区域的颜色效果"1"，如图 4.9 所示。

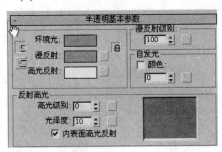

图 4.8 Blinn 基本参数

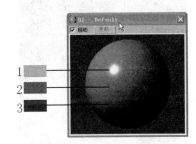

图 4.9 材质颜色效果

(4) 自发光：使材质具有从内部发光的效果。可以通过"颜色"复选框右面的微调按钮调整材质的发光程度，当选中复选框时可以设置另外一种发光颜色，如图 4.10 所示。

(5) 不透明度：设置材质的不透明度，这个选择在制作玻璃、水面材质时经常用到。

(6) 反射高光：设置材质表面的明暗效果。

(7) 高光级别：设置影响镜面高光区的强度。

(8) 光泽度：影响镜面高光区的大小，其值越大，高光区范围越小且越亮。

(9) 柔化：设置高光区柔和处理的范围。

3. 各项异性基本参数

多层高光和多面阴影类型的高光设置与反射类型基本相似。阴影色阴影类型的高光区里多了两个参数，如图 4.11 所示。

图 4.10 自发光颜色设置

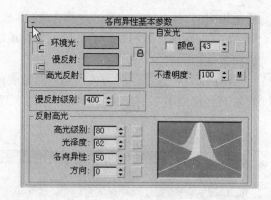
图 4.11 材质颜色效果

(1) 各向异性：用于设置高光区的形状为椭圆形。

(2) 方向：用于调整椭圆形高光区的方向，如图 4.12 所示高光值为 145、高光强度为 58、反光度为 50 的材质结果。

4. Stauss 基本参数

Stauss 加强阴影类型：它的参数与前面几种的差别较大，它的参数较少，如图 4.13 所示。但是却多了一个"金属度"参数，这个参数并不改变材质的高光范围，只是改变其金属外观特征。

图 4.12 各向异性效果

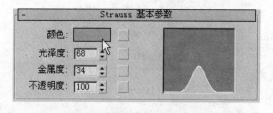
图 4.13 Stauss 基本参数

其他阴影类型中的参数与上述基本相同。

5. 材质的扩展参数

材质的扩展参数用于设置材质的透明、反射和网线方式等选项，参数如图 4.14 所示。

1) 高级透明

这个选项区域用于设置材质不透明属性的衰减形式。

(1) 衰减：用于设置透明的衰减方向和强度。

① 内：透明度从外向内逐渐增强。

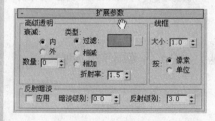
图 4.14 材质扩展参数

② 外:透明度从外向内逐渐减弱。
(2) 数量:设置衰减的强度。
(3) 类型用于设置衰减的类型。
① 过滤:通过一种颜色与透明材质后面的对象材质进行叠加,来表现材质的透明效果。
② 相减:用减少透明材质对象后面的对象材质颜色色深来表现透明效果。
③ 相加:用增加透明材质对象后面的对象材质颜色色深来表现透明效果。
(4) 折射率:设置材质的折射率。对象的折射率影响光线的传播方向,一般情况下,真空的折射率是 1.0,空气的折射率是 1.0003,水的折射率是 1.333,玻璃的折射率是 1.5~1.7,钻石的折射率是 2.419。

2) 线框
该选项区域用于设置材质选择线框方式时网线的宽度。
(1) 大小:设置网线的宽度。
(2) 按:选择设置尺寸单位类型。
① 像素。
② 单位。

3) 反射暗淡
这个选项区域用于控制反射贴图的反射属性。
(1) 应用:用于设置是否使用反射暗淡功能。
(2) 暗淡级别:设置反射阴影部分的明暗程度,其值为 0 时,阴影是黑色,其值为 1 时,没有暗淡效果。
(3) 反射级别:设置有暗淡影响情况下的反射水平。

4.1.4 贴图参数介绍

"贴图类型"卷展栏中提供了 12 种贴图方式,如图 4.15 所示。
(1) 环境光颜色:默认为灰色显示,通常不单独使用。
(2) 漫反射颜色:选中后,将物体的固有色置换为所选贴图,将贴图平铺在对象上,用以表现材质的纹理效果,这是最常用的一种贴图,效果如图 4.16 所示。

图 4.15 "贴图类型"卷展栏

图 4.16 漫反射颜色贴图效果

(3) 高光颜色：选中后，高光色贴图只展现在高光区，如图 4.17 所示。

(4) 高光级别：选中后，强弱效果取决于参数区中的高光强度。

(5) 光泽度：选中后，贴图出现在物体的高光处，以控制对象在高光处贴图的反光度。

(6) 自发光：选中后，产生发光的效果。自发光贴图赋予对象表面后，贴图浅色部分将产生发光效果。

(7) 不透明度：选中后，影响透明贴图明暗度在物体表面产生透明效果。贴图颜色越深处越透明，越浅处越不透明。

(8) 过滤色：选中后，影响透明贴图，材质颜色取决于贴图的颜色。

(9) 凹凸：选中后，使得贴图颜色浅的部分产生凸起效果，颜色深的部分产生凹陷效果，效果如图 4.18 所示。

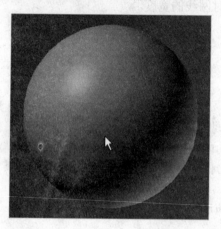 

图 4.17　高光颜色贴图效果　　　　　图 4.18　凹凸贴图效果

(10) 反射：通常用于表现金属的强烈反光质感，可以获取相当真实的金属效果。

(11) 折射：选中后，制作透明材质的折射效果。

(12) 置换：3ds max 2.5 后新增的置换贴图。

4.2　贴图坐标

已经指定 2D 贴图材质(或包含 2D 贴图的材质)的对象必须具有贴图坐标。这些坐标指定如何将贴图投射到材质，以及是将其投射为"图案"，还是平铺或镜像。贴图坐标也称为 UV 或 UVW 坐标。这些字母是指对象自己空间中的坐标，相对于将场景作为整体描述的 XYZ 坐标。

4.2.1　UV 坐标简介

曲面上显示的局部 UVW 坐标，如图 4.19 所示。

大多数材质贴图都是为 3D 曲面指定的 2D 平面。因此，说明贴图位置和变形时所用的坐标系与 3D 空间中使用的 X、Y 和 Z 轴坐标不同。特别是，贴图坐标使用的是字母 U、V 和 W；在字母表中，这 3 个字母位于 X、Y 和 Z 之前。

U、V 和 W 坐标分别与 X、Y 和 Z 坐标的相关方向平行。如果查看 2D 贴图图像，U 相当于 X，代表着该贴图的水平方向。V 相当于 Y，代表着该贴图的竖直方向。W 相当于 Z，代表着与该贴图的 UV 平面垂直的方向。

读者可能会问，为什么 2D 平面需要像 W 这样的深度坐标？一个原因就是，相对于贴图的几何体对该贴图的方向进行翻转时，这个坐标是很有用的。为了实现该操作，还需要第三个坐标。另外，W 坐标对三维程序材质的作用非同小可。

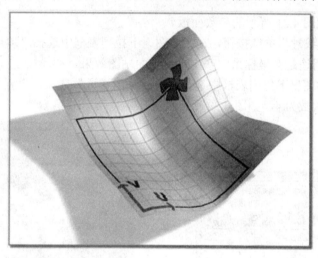

图 4.19　UVW 坐标

4.2.2　UVW 移除工具

使用"UVW 移除工具"可以将贴图坐标或材质从当前选定对象中移除，如图 4.20 所示。

图 4.20　UVW 移除工具

(1) UVW：单击此按钮可从对象中移除 UVW 贴图。

(2) 材质：单击此按钮可从选定对象中移除指定材质。

(3) 设置灰度：如果单击"材质"按钮时此复选框处于选中状态，则对象将设置为中间灰度。默认设置为未选中状态。

4.2.3 在材质编辑器中调整贴图坐标

在材质编辑器中进行调整的方法分以下两种。

(1) 2D 贴图坐标：用于对 2D 贴图的坐标系统进行调整。

(2) 3D 贴图坐标：用于对 3D 贴图的坐标系统进行调整。

调整 2D 贴图坐标的步骤如下。

(1) 在场景中创建一个长方体，并进入材质编辑器，选择一个样本球，为其指定一幅贴图。

(2) 打开如图 4.21 所示的参数面板。

(3) 选中"纹理"单选按钮，在"贴图"下拉列表框中选择"顶点颜色通道"选项，该选项的用途是在坐标系中产生一个平面贴图效果。

(4) 在"贴图"下拉列表框中选择"显式贴图通道"选项，设置 U 方向和 V 方向的贴图平铺次数为 4，如图 4.22 所示的结果。

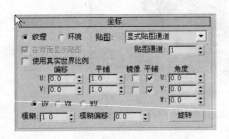
图 4.21 内建贴图"坐标"卷展栏

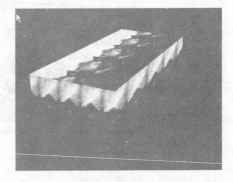
图 4.22 设置贴图参数

(5) 取消选中"平铺"复选框。

(6) 选中 U 方向的镜像贴图方式"镜像"复选框。

(7) 设置旋转角度是在 W 方向 3.0，如图 4.23 所示的结果。

3D 贴图坐标的步骤如下。

(1) 选择一个长方体，重新为其指定一个贴图。

(2) 打开如图 4.24 所示的贴图坐标参数面板。

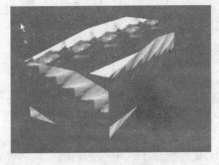
图 4.23 旋转贴图角度

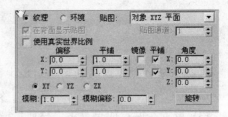
图 4.24 贴图坐标参数面板

(3) 对比 2D 贴图坐标面板，可以发现 3D 贴图坐标的设置要简单，设置平铺次数参数为 3，得到如图 4.25 所示的结果。

图 4.25 设置重复贴图次数

4.2.4 使用 UVW Map 调整贴图坐标

贴图坐标方式的类型如下。

(1) 内建式：按照系统预定方式为物体指定贴图坐标。在创建面板的参数面板中选择创建贴图坐标，3ds max 自动产生内建式贴图坐标。

(2) 外部指定式：根据物体形状由创建者确定贴图坐标，这种坐标使用 UVW 贴图改变 U、V 和 W 坐标向的贴图位置，调整在物体上的位置。

(3) 放样物体式：在放样物体生成或修改时，按照物体横向和纵向指定贴图坐标。在未指定贴图坐标方式的情况下，默认为内建式贴图方式。

4.3 贴图通道

贴图有好几种方法，贴图通道是其中一种，贴图通道在命令面板，单击"工具"按钮，再单击"资源浏览器"按钮，如图 4.26 所示。在"资源浏览器"图框中选择贴图，用鼠标拉到 3ds max 材质球上去，材质上就出现了所选的贴图，再赋予到物体上。

图 4.26 打开资源浏览器

4.4 复合材质与贴图

复合材质将两个或多个子材质组合在一起。复合材质类似于合成器贴图,但后者位于材质级别。将复合材质应用于对象可生成经常使用贴图的复合效果。可以使用"材质/贴图浏览器"加载或创建复合材质。使用过滤器控件,可以选择是否让浏览器列出贴图或材质,或两者都列出。不同类型的材质生成不同的效果,具有不同的行为方式或者具有组合了多种材质的方式。

4.4.1 复合材质

不同类型的复合材质如下。

1. 混合

如混合贴图那样,通过混合像素颜色组合两种材质,如图 4.27 所示。

2. 合成

可通过将颜色相加、相减或不透明混合,将多达 10 种材质混合起来,如图 4.28 所示。

图 4.27 混合贴图材质

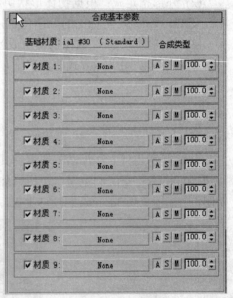

图 4.28 合成材质参数

3. 双面

存储两种材质:一种材质渲染在对象的外表面(单面材质的常用一面,通常由面法线确定);另一种材质渲染在对象的内表面,如图 4.29 所示。

图 4.29 双面材质框

4. 变形器材质

变形器材质使用变形器材质来随时间管理多种材质,如图 4.30 所示。

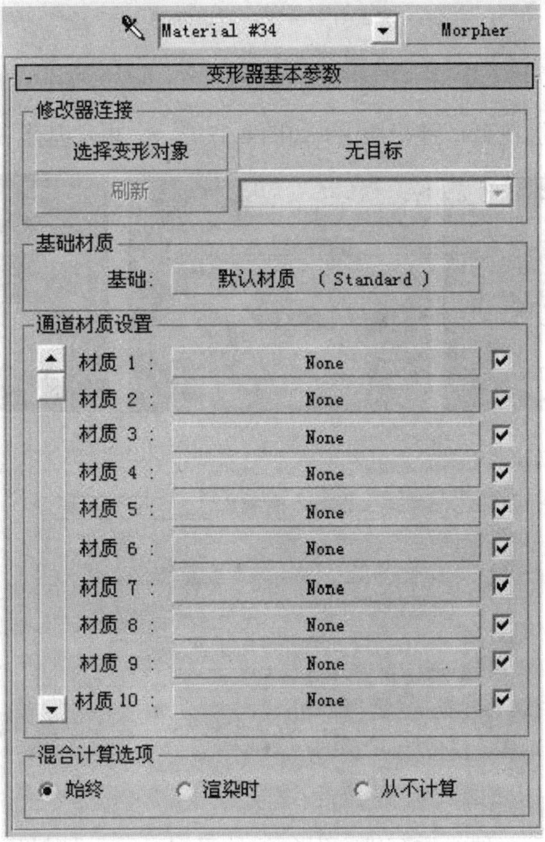

图 4.30 变形器基本参数

5. 多维子对象

可用于将不止一个材质指定给同一对象。存储两个或多个子材质，这些子材质可通过使用网络选择修改器在子对象级别进行分配，还可通过使用材质修改机器将子材质指定给整个对象，如图 4.31 所示。

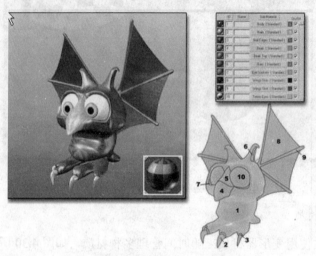

图 4.31 多维材质编辑器

6. 虫漆

将一种材质叠加在另一种材质上，如图 4.32 所示。虫漆基本参数如图 4.33 所示。

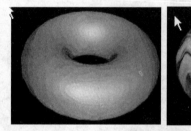

图 4.32 叠加材质

图 4.33 虫漆基本参数

7. 顶底

存储两种材质：一种材质渲染在对象的顶表面；另一种材质渲染在对象的底表面，如图 4.34 所示，顶/底基本参数如图 4.35 所示。

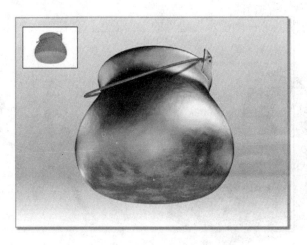

图 4.34 顶/底两种材质

8. 其他材质类型

(1) 壳材质是其他材质(如多维/子对象)的容器。该材质还可以用于控制在渲染中使用的材质基本参数，如图 4.36 所示。

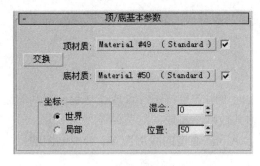

图 4.35 顶/底基本参数

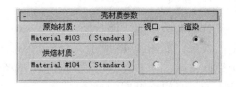

图 4.36 壳材质参数

(2) 高级照明覆盖材质调整在光能传递解决方案或光跟踪中使用的材质属性。

其可以产生特殊的效果，例如，让自发光对象在光能传递解决方案中起作用。高级照明覆盖材质如图 4.37 所示。

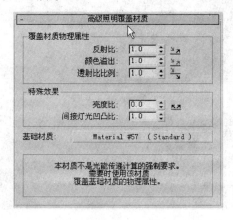

图 4.37 高级照明覆盖材质

(3) 墨水材质提供带有"墨水"边界的平面着色，创建完美的效果，如图 4.38、图 4.39 所示。

图 4.38 使用墨水材质渲染

图 4.39 3D 和平面效果对比

4.4.2 主要复合贴图类型

主要复合贴图是应用两种以上的颜色或者贴图合成的新的贴图效果，3ds max 中提供的贴图种类如下。

1. 合成

合成贴图是通过图片的 Alpha 通道产生的透明效果将图片合成在一起而得到的贴图效果，如图 4.40 所示。合成贴图类型由其他贴图组成，这些贴图使用 Alpha 通道彼此覆盖。对于这类贴图，应使用已经包含 Alpha 通道的叠加图像。合成贴图的控件本质上是组合贴图的列表。

图 4.40 合成贴图

2. 遮罩

这是一种将一幅图片作为另外一幅图片的遮罩而产生的部分透明的贴图效果，如图 4.41 所示。使用遮罩贴图，可以在曲面上通过一种材质查看另一种材质。遮罩控制应用到曲面的第二个贴图的位置。默认情况下，浅色(白色)的遮罩区域为不透明，显示贴图。深色(黑色)的遮罩区域为透明，显示基本材质。可以使用"反转遮罩"来反转遮罩的效果。

图 4.41　遮罩贴图

3. 混合

使用两种贴图文件进行不同透明程度的混合处理得到的贴图效果，如图 4.42 所示。通过混合贴图可以将两种颜色或材质合成在曲面的一侧；也可以将"混合数量"参数设为动画，然后画出使用变形功能曲线的贴图，来控制两个贴图随时间混合的方式。

图 4.42　混合贴图

4. RGB 倍增贴图

RGB 倍增贴图通常用于凹凸贴图,在此可能要组合两个贴图,以获得正确的效果,如图 4.43 所示。此贴图通过将 RGB 值相乘组合两个贴图。对于每个像素,一个贴图的红色相乘将使第二个贴图的红色加倍,同样相乘蓝色使蓝色加倍,相乘绿色使绿色加倍。

图 4.43　RGB 倍增贴图

本 章 小 结

本章中首先介绍了材质编辑器的功能和使用方法,然后详细地讲解了材质的构成、类型以及每种类型的特点;还讲解了贴图通道的作用和几种贴图类型,并且对每一种贴图类型都作了详细的讲解。

通过本章学习,希望读者能够运用所学知识,多做一些练习,掌握给各种对象制作不同材质和贴图的技巧。

习　题

1. 选择题

(1) 双面显示的复合材质是(　　)中最基本的一种复合材质。
　　A. 合成材质　　　B. 复合材质　　　C. 混合材质　　　D. 多种材质

(2) 合成材质相当于将若干颜色或贴图按( )顺序放。
  A．上下   B．左右   C．前后   D．下
(3) 在放样物体生成或修改时，按照物体( )和( )指定贴图坐标。
  A．上、下 B．前、后 C．横、纵 D．前

2.简答题

(1) 什么叫做材质？什么叫做贴图？材质和贴图有什么区别？
(2) 材质/贴图预览器有什么功能？

3. 实训

试利用材质制作一个透明球体和发光灯泡的效果。

第5章 3ds max 灯光与摄像机的应用

教学目标

灯光和相机是构成场景的重要组成部分，在计算机辅助设计中，当物体的造型和材质指定完成以后，灯光的设置和相机的调整直接影响设计表达的整体效果。灯光是用来烘托场景气氛的，好的灯光调节，配合材质表现能使场景栩栩如生，真实美观。通过架设相机可以将场景按不同角度和透视效果表现出来，这在动画和效果图方面表现的尤为重要。本章主要介绍相机和灯光的功能及其使用方法，它们都是场景的重要组成部分。

教学要求

能力目标	知识要点	权重	自测分数
了解灯光的类别	掌握基本灯光的用法和分类	35%	
掌握灯光参数的调整	掌握排除、衰减等参数的用法	35%	
了解摄像机的种类及特点	掌握镜头的调整、剪切的使用	30%	

章前导读

光线追踪不仅包括了标准灯光具备的全部特性，还可以创建真实的反射和折射效果，并且同样支持雾、颜色浓度、半透明、荧光等其他特殊效果。使用光线追踪之后，场景的渲染速度会变慢，不过它提供了优化渲染的方案，可以特殊地指定场景中的哪些物体进行光线追踪计算。

本实例中，将向大家介绍室外布光的基本原则及其创建方法。室外照明的灯光布置需要考虑时间、天气情况和所处的位置等诸多因素。如果要模拟太阳的光线，就必须使用有向光源，这是因为地球离太阳非常远，只占据了太阳照明区域的一小部分，太阳光在地球上产生的所有阴影都是平行的，如图 5.1 所示。

图 5.1　太阳光照图

灯光在 3ds max 的任何场景中都扮演着重要角色，如果已对照明基础和摄影基础有着一定的了解，就可以更好地理解 3ds max 中的灯光类型。在 3ds max 中的"灯光"面板中，提供了 8 种类型的灯光，本章将对主要的灯光做出解释，并在实例中进行运用。

对于摄像机，也是在三维场景中必不可少的重要元素，它可以被放在场景中的任何位置，对场景进行不同的视图定位，因为灯光与摄像机在创建形式上有很多相似之处，所以把它们安排在一起进行介绍。

5.1 灯光的基础知识

5.1.1 灯光类别

运行 3ds max 程序，在控制面板中单击 按钮，打开"创建"面板，单击 按钮，打开"灯光"面板，如图 5.2 所示，这里所选择的是"标准"灯光，里面包括了 8 种类型的灯光，这里介绍前面 6 种，"区域泛光灯"和"区域聚光灯"运用相对较少，所以不做介绍。

1. 标准灯光

(1) 目标聚光灯：目标聚光灯产生锥形的照射区域，在照射区以外的物体不受灯光的影响，包括有投射点和目标点两个图标可调，有圆形和矩形两种投影区域，矩形可以用来制作电影投影图像，圆形可以用来做路灯和车灯等灯光。

【特别提示】

在创建目标聚光灯时，系统会为其自动指定一个注视控制器，可以调节控制器参数来指定灯光注视目标。

(2) 自由聚光灯：产生锥形的照射区域，它其实是一种受限制的目标聚光灯，没有目标点，只能控制它的整个图标，不会改变视图里灯光的投射范围，它是用于动画里的灯光。

(3) 目标平行光：产生有方向的平行照射区域，它与目标聚光灯的区别是照射区域呈圆柱形或矩形，而不是锥形，平行光主要用来模拟阳光的照射。

(4) 自由平行光：产生平行的照射区域，它其实是一种受限制的目标平行光，在视图中，它的投射点和目标点不可以分别调节，只能进行整体的移动和旋转，这样照射范围不会发生改变。

(5) 泛光灯：向四周发散光线，标准的泛光灯用来照亮场景，可以调节灯光的衰减，投射阴影和图像。

(6) 天光：能够模拟日照效果，如果配合光线追踪渲染方式，天光是最合适的，这里介绍一下它的参数，如图5.3所示。

图5.2 "灯光"面板　　　　图5.3 "天光参数"卷展栏

【特别提示】

在3ds max中，如果使用了天光，必须使用高级渲染器，才能表现出该光源的照明效果。

(1) 启用：用于打开或者关闭天光物体。

(2) 倍增：指定正数或负数量来增强灯光的能量，用这个参数提高场景高度时，有可能会引起颜色过亮，所以除非是有要求，尽量保持这些参数的默认状态。

(3) 天空颜色：在天光效果中，天空被模拟成一个圆屋顶的样子笼罩在场景中，可以指定它的颜色和相关的贴图。

① 使用场景环境：在对话框中设置的颜色为灯光的颜色，只在光线追踪方式下才有效。

② 天空颜色：单击右侧的颜色块显示颜色选择器，可以为天空指定相关的颜色。

③ 贴图：通过指定贴图影响天空的颜色，左侧的复选框用于设置是否使用到贴图，下方的空白按钮用于指定贴图，右侧的微调节按钮用于控制贴图的使用程度。

2. 光度学灯光

单击"标准"灯光的下拉菜单，选择"光度学"灯光，如图 5.4 所示，共有 8 种不同类型的光度学灯光，它通过设置灯光的光度学值来模拟现实场景中的灯光效果。

【特别提示】

自从 Autodesk 公司收购 Lightscape 之后，就开始了将 Radiosity 技术内置到 3ds max 的步伐。其中最早植入的就是光度学灯光，但是并没有植入 Radiosity 的算法，直到 3ds max 5 才完整地植入。

光度学是一种评测人体视觉器官感应照明情况的测量方法，这里所说的光度学指的是 3ds max 所提供的一种对灯光在环境中传播情况的物理模拟，可以产生非常真实的渲染效果，还能够准确度量场景中灯光分布情况。

(1) 目标点光源：可以通过目标点进行定位，它有 3 种类型的分布方式，分别对应 3 种不同的图标。

(2) 自由点光源：它与目标点光源的区别在于没有目标点，可以通过变换工具来调节它的方向，自由点光源同样也有 3 种类型的分布方式，分别有不同的 3 种图标。

(3) 目标线光源：通过目标点进行定位，它有两种类型的分布方式，分别对应不同的图标。

(4) 自由线光源：自由线光源与目标线光源的区别在于没有目标点，可以通过变换工具来调节它的方向，自由线光源同样可以使用两种类型的分布方式，分别对应两种不同的图标。

(5) 目标面光源：通过目标点进行定位，它有两种类型的分布方式，分别对应不同的图标。

(6) 自由面光源：自由面光源与目标面光源的区别在于没有目标点，可以通过变换工具调节它的方向，自由面光源同样可以使用两种类型的分布方式，分别对应两种不同的图标。

(7) IES 太阳光：IES 太阳光与 IES 天光是 3ds max 中两种基于自然法规的日照模拟灯光。IES 太阳光的"阳光参数"卷展栏，如图 5.5 所示。

图 5.4　光度学灯光类型　　　　图 5.5　"阳光参数"卷展栏

【特别提示】

3ds max 默认的 IES 太阳光源颜色并不是白色，而是一种很明亮的曙红色。在使用其他光源的时候，也一定要考虑光色的问题，而不要简单地用白色来表示。

① 启用：在视图中设置开启或关闭阳光光源。

② 定向：打开这个参数，IES 太阳光以"日照系统"所创建的罗盘中心为目标点，关闭则可以手工设置位置。

③ 强度：用于设置阳光的亮度，右侧的颜色块用于设置光线的颜色，通常晴天的标准亮度大约是 90000lux。

④ 启用：确定阳光是否产生阴影效果。

⑤ 使用全局设置：设置灯光物体产生阴影时是否使用全局设置，关闭则会使用阴影的个别设置，打开下面的阴影参数就会显示出当前的全局设置结果。

⑥ 排除：从灯光效果中排除选择物体，被排除物体在实体视图中表面依然为灯光物体，排除效果在渲染场景时有效。打开"高级效果"卷展栏，如图 5.6 所示。

(a) 对比度：调节过渡区与阴影区之间的对比度，保持默认值为 0 时，为正常对比度，增加数值即增加对比度，能够产生特殊的对比效果。

(b) 柔化漫反射边：柔化过渡区与阴影区表面之间的边缘，避免产生清晰的明暗分界。

(c) 漫反射：打开灯光对物体表面过渡区属性产生影响，关闭则不产生影响，默认为选中状态。

(d) 高光反射：打开灯光对物体表面高光区属性产生影响，关闭灯光对高光区属性不产生影响，默认为选中状态。

(8) IES 天光：以自然法则为基础模拟大气反射阳光效果的灯光物体，它的值会自己依据它在场景中的方位进行设置，而方位是根据用户定制的地理位置、时间和日期来确定的，如图 5.7 所示，主要参数如下。

图 5.6 "高级效果"卷展栏　　　　图 5.7 "IES 天光参数"卷展栏

【特别提示】

使用 IES 天光光源，可控制的参数和选项并不多，注意根据想要表现的天气情况，合理地使用晴朗—少云—多云这 3 个选项，还要注意不要跟太阳光的强度发生冲突。

① 启用：在视图中打开或者关闭天光。

② 倍增：调节天光亮度，设置 1 时为正常，天光亮度基于角度情况，通过这个

选项可以直接改变天光亮度。

③ 天空颜色：通过右侧的颜色块激活颜色选择器，对天空颜色进行设置和修改。

④ 晴朗—少云—多云：用于设置光线在天空中的离散量。

5.1.2 灯光属性

在标准灯光系统和光度学灯光系统中，大部分的参数选项是相同的，这里对这些参数进行详细介绍。

1. 常规参数

它用于控制灯光的开启与关闭，排除或者包含场景中的物体，选择阴影方式，还可以用于控制灯光目标物体，改变灯光的类型，如图5.8所示。

启用：设置灯光的开关，如果不用灯光的照射，可以关闭。

目标距离：这个数值用来控制目标点的距离。

阴影启用：用于决定当前的灯光物体是否能够产生投影。

使用全局设置：打开此项选择，会把下面的阴影参数应用到场景中全部的投影灯上。

排除：允许指定的物体不受到灯光的照射影响，包括照明影响和阴影影响，单击会有相应的对话框弹出，用来控制选择。

2. 阴影参数

"阴影参数"如图5.9所示，主要用于控制灯光投射阴影的范围和颜色等。

图5.8 "常规参数"卷展栏

图5.9 "阴影参数"卷展栏

颜色：单击颜色块，可以弹出颜色调节框，用于调节当前灯光产生阴影的颜色，默认为黑色，此选项可以设置动画效果。

密度：调节阴影的浓度，提高浓度值会增加阴影的黑暗程度，默认值为1.0。

【特别提示】

当使用光源阵列模拟全局光照的时候，合理地使用"密度"属性，可以获得更加真实的效果。

贴图：为阴影指定贴图，左侧的复选框用于设置是否使用阴影贴图，贴图的颜色与阴影颜色相混，右侧的按钮用于打开贴图浏览器进行贴图的选择。

灯光影响阴影颜色：选中时，阴影颜色显示为灯光颜色和阴影固有色(或阴影贴图颜色)的混合效果，默认为关闭。

启用：设置大气是否对阴影产生影响，开启后当灯光穿过大气里时，大气效果能够产生阴影。

【特别提示】

"启用"这个复选框相对同一面板中的普通物体阴影选项是独立的，物体可以只产生大气阴影而不生产普通阴影。

不透明度：调节阴影透明度的百分比。

颜色值：调节大气颜色与阴影颜色混合程度的百分比。

3. 聚光灯参数

当创建了目标聚光灯或自由聚光灯后，就会出现"聚光灯参数"卷展栏，用于控制聚光区和衰减区，如图 5.10 所示。主要参数如下。

光锥：用于控制灯光的聚光区和衰减区。

显示光锥：控制是否显示灯光的范围框，浅蓝色框表示聚光区范围，深蓝色框表示衰减区范围。

泛光化：选中此复选框，使聚光灯兼有泛光灯的功能，可以向四面八方投射光线，照亮整个场景，但仍会保留聚光灯的一些特性。

聚光区/光束：调节灯光的锥形区，以角度进行衡量，对于光度学灯光物体，灯光强度在光束区内降为自身的 50%，而标准聚光灯在聚光灯内强度不变。

衰减区/光域：调节灯光的衰减区域，以角度进行衡量，此范围外物体将不受任何强光的影响，此范围与聚光区之间，光线由强向弱进行衰减变化。

圆、矩形：设置是圆形灯还是矩形灯，默认设置是圆形。

纵横比：用来调节矩形长宽比。

位图拟合：用来指定一张图像作灯光的长宽比。

4. 高级效果

"高级效果"卷展栏如图 5.11 所示，主要参数如下。

图 5.10 "聚光灯参数"卷展栏　　图 5.11 "高级效果"卷展栏

对比度：调节物体高光区与过渡区之间表面的对比度，值为 0 时是正常效果，对有些特殊效果要增大对比度值。

柔化漫反射边：柔化过渡区与阴影区表面之间的边缘，避免产生清晰的明暗分界。

漫反射、高光反射：默认的灯光设置是对整个物体表面产生照射影响，包括过渡区和高光区，这里可以控制灯光单独对其中一个区域进行影响，对一些特殊光效调节非常有用。

仅环境光：选中时，灯光仅以环境照明的方式影响物体表面的颜色，近似给模型表面均匀上色，如果使用环境光，会对场景中所有的物体都产生影响，而使用灯光的此项选择，则可以灵活地为物体指定不同环境光照明影响。

投影贴图：打开此选项，可以通过其下的"无"按钮选择一张图像作为投射出的图片效果，如果使用动画文件，还可以投影出动画，如果增加体积光效，可以产生出彩色的图像光柱。

5. 优化

此卷展栏能够为高级光线跟踪阴影和面阴影提供额外的控制选项。主要参数如图 5.12 所示。

启用：如果开启，场景中透明的表面将会产生含有颜色的投影，否则所有的阴影都是黑色的。关闭此选项可以提高阴影产生的速度。

抗锯齿阈值：进行锯齿处理前，透明物体采样间所允许的最大颜色差异，增加这个颜色的值，会降低阴影对抗锯齿处理的敏感程度，增加渲染速度，减少这个值能增加阴影敏感的程度，提高画面质量。

抗锯齿抑制：默认情况下，系统会使用双通道方式进行抗锯齿，选择抗锯齿抑制栏中的参数，系统将使用单通道方式进行抗锯齿计算，这样可以减少渲染时间。

图 5.12 "优化"卷展栏

超级采样材质：选择在计算超级采样材质的抗锯齿时，使用单通道方式计算。

反射/折射：选择在计算反射或折射的抗锯齿时，使用单通道方式进行计算。

跳过共面面：避免相邻表面间阴影的相互影响，是一个诸如球体等曲面明暗交界位置上的特殊关系。

阈值：相邻表面间的角度，范围从 0(垂直)～1(平行)。

5.2 灯光的参数

5.2.1 标准灯光参数

1. 强度/颜色/衰减

此卷展栏用于设置灯光的颜色和亮度还有灯光的衰减情况，如图 5.13 所示。

倍增：对灯光的照射强度进行倍增控制，通过这个选项可以增加场景的高度，如果没有特别的要求，应该保持在默认状态力 1.0。

颜色按钮：可以弹出色彩调节框，调节灯光颜色，里面的 R、G、B 表示红、绿、蓝三元色，H、S、V 表示色调、饱和、亮度。

衰退：附加的光线衰减控制，可以提供强烈的衰减效果。

类型：指定衰减类型，单击右侧下拉列表，显示以下几种情况。

(1) 无：不产生任何的衰减。

(2) 反向：以反向方式计算衰减，计算公式为 $L(亮度)=RO/R$，RO 为未使用灯光衰减的光源或者使用了衰减的起点值，R 为照射距离。

(3) 反向平方：计算公式为 $L(亮度)=(RO/R)^2$，这是真实世界中的灯光衰减计算公式，也是光度学灯光的衰减公式。

【特别提示】

如果使用反向平方衰减使场景过于暗淡，可以增加灯光的"倍增"值，或在环境编辑器中 Global Lighting 的级别。但是，在通常情况下，使用了反向平方衰减的光源，都会配合全局光染算法，无论是真实的全局光还是模拟的。

近距衰减：使用此命令，灯光亮度在光源到指定起点之间保持为 0，在起点到指定终点之间不断增强，在终点以外保持为颜色和倍增控制所指定的值，或者也可以去改变"远距衰减"的控制。

开始：设置灯光开始淡入的位置。

结束：设置灯光达到最大值的位置。

使用：用来开启近距或远距衰减开关。

显示：用来显示近距或者远距衰减开关。

远距衰减：使用远距衰减，在光源与起点之间保持颜色和倍增控制所控制的灯光亮度，在起点到终点之间，灯光亮度降为 0。

2. 平行光参数

创建目标平行光和自由平行光后，会出现平行光参数，用于设置聚光区和泛光区的控制选项，具体参数与聚光灯参数相同，如图 5.14 所示。

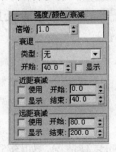
图 5.13 "强度/颜色/衰减"卷展栏

图 5.14 "平行光参数"卷展栏

5.2.2 光度学灯光常用参数

1. 强度/颜色/分布

此卷展栏用于设置光度学灯光的分布类型,灯光的颜色和亮度设置,如图 5.15 所示。

分布:用于设置光线从光源发射后在空间的分布方式,内容包括各向同性、聚光、光域网、漫射等。

灯光型号:在列表中选择常见灯光的规格,模拟灯光物体的光谱特征,开尔文(绝对温标)右侧的颜色块,会随着不同的灯光型号产生相应的变化。

开尔文:通过改变灯光的色温来设置灯光颜色,灯光的色温用开尔文程序表示,相应的颜色显示在右侧的颜色块中。

【特别提示】

开尔文(Kelvin)——当光源所发出的光色与"黑体"在某一温度下辐射的颜色相同时,"黑体"的温度就成为该光源的色温。"黑体"的温度越高,光谱中蓝色的成分则越多,而红色的成分则越少。

光源所发出的能量,以电磁波的形式存在,这种能量称辐射能(Radiant Energy),单位是焦耳(J),而光源每秒所发出的辐射能,则称辐射通量(Radiant Flux),单位是瓦特(W)。就同一光源而言,辐射通量越大,人眼就会觉得越亮。但辐射通量相同的两个光源,如果发射的是不同波长的光波,对人眼睛所能引起的明暗度感觉也不一样,也就是说它们有不同的发光效率,发光效率越高,人眼也会觉得越亮。因此真正影响人眼视觉明暗感受的是辐射通量与发光效率的乘积,也就是人们所说的光通量,单位是流明(lm)。

过滤颜色:模拟灯光被放置了滤色镜后的效果。
强度:这里的选项用于设置光度学灯光基于物理属性的强度或亮度值。
lm(流明):光通量单位,测量灯光发散的全部光能(光通量)。
cd(烛光度):测量灯光的最大发光强度,通常是沿着目标方向。
lx(勒克斯):测量被灯光照亮的表面面向光源方向上的照明度。是国际单位制单位,相当于 $1lm/m^2$,指定灯光必须设置 lx 值,并且输入照度所测量的距离。

2. 线光源参数

如图 5.16 所示,主要参数如下。
长度:设置线性灯光的长度。

3. 区域光源参数

如图 5.17 所示,主要参数如下。
长度、宽度:设置光线分布的长宽范围。

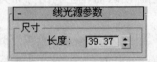

图 5.15 "强度/颜色/分布" 卷展栏　　图 5.16 "线光源参数" 卷展栏　　图 5.17 "区域光源参数" 卷展栏

5.3 摄像机的基础知识

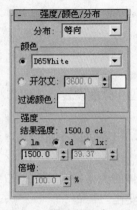

图 5.18 "摄像机" 面板

1. 相机的种类及特点

灯光部分的参数就先了解到这里,现在开始对摄像机的一些参数和卷展栏进行简单介绍,在 3ds max 当中,摄像机拥有超过现实摄像机的能力,单击控制面板里的 按钮,进入"摄像机"面板,如图 5.18 所示,分为目标摄像机和自由摄像机。

(1) 自由摄像机:提供了直接拍摄、摄像机前面区域的视图,如果摄像机用于轨迹动画显示,会是最好的选择,选择自由摄像机,系统会自动约束目标摄像机自身坐标系的 Y 轴,正方向接近世界坐标系 Z 轴正方向。

【特别提示】

跟前面提到的光源一样,自由摄像机并不表示没有目标点,而是没有提供直接控制的目标点。当制作摄像机沿路径运动的动画时,自由摄像机的控制将更加方便。

(2) 目标摄像机:是指向在摄像机前面一定距离内的可控制目标点,很容易瞄准,对于摄像机不能移动的时候很有用。若要创建目标摄像机,可单击一个视图,放置摄像机,拖动到目标位置,目标会和摄像机一起命名。

2. 创建相机对象

相对其他的创建工具而言,在虚拟建筑环境中相机的创建非常简单,选择相机工具之后,在视图中单击鼠标左键,确定相机的位置,然后拖拽鼠标至目标点位置,最后放开鼠标左键。创建完毕后,再用选择并移动工具调整相机和目标点的高度或平面位置,再进入修改命令面板,进行相机的参数调整。

5.4 摄像机的参数

5.4.1 "参数"卷展栏

两种摄像机的很多参数卷展栏都是完全相同的，这里对这些相同的参数做统一的介绍。

"参数"卷展栏如图 5.19 所示，主要参数如下。

镜头：设置摄像机的焦距长度，48mm 为标准人眼的焦距。

视野：设置摄像机的视角，依据选择的视角方向调节此方向上的弧度大小，"↔"、"↕"、"↗"按钮用来控制角度值的显示方式，包括水平、垂直和对角 3 种。

正交投影：打开摄像机视图就好像 User 视图一样，关闭则好像 Perspective 视图一样。

备用镜头：提供了 9 种常用镜头，可以快速选择。

类型：用于改变摄像机的类型。

显示圆锥体：在视图中显示表示摄影范围的锥形框。

显示地平线：是否在摄像机视图中显示地平线。

环境范围：设置环境大气影响范围。

近距范围：设置环境影响的近距范围。

远距范围：设置环境影响的远距范围。

显示：打开近距、远距范围框的显示，这样可以直接在视图里见到具体的范围。

主要参数如图 5.20 所示。

图 5.19 "参数"卷展栏

图 5.20 控制显示的参数

剪切平面：水平面是指平行于摄像机镜头的平面，经红色带交叉的矩形表示。剪切平面可以排除场景中一些几何体的视图显示或者控制只渲染场景的某些部分。

手动剪切：打开此选项将使用"近距剪切"和"远距剪切"的数值控制水平面

的剪切，关闭此选项则近于摄像机 3 个单位以内的物体将不显示。

近距剪切，远距剪切：分别用来设置近距剪切平面与远距离剪切平面的距离，每个摄像机都有近距、远距两个剪切水平面，近于近距剪切水平面或远于远距剪切水平面的物体摄像机都不会被显示。

多过程效果：用于给摄像机指定景深或者运动模糊的效果，它的模糊效果是通过对同一帧图像的多次渲染计算并重叠结果产生的，因此会增加渲染时间。景深和运动模糊效果是相互排斥的，由于它们都依赖于多渲染途径，所以不能对同一个摄像机物体同时指定两种效果，当场景需要时，就设置多重过滤特效，再与物体运动模糊结合。

启用：控制景深或运动模糊效果是否有效。

预览：单击该按钮能够激活摄像机视图，预览景深或运动模糊效果。

渲染每过程效果：选中后，"多过程效果"在每次渲染计算时都进行逐层渲染特效处理，速度很慢，可是效果真实；不选中，只对"多过程效果"重叠计算完成后的图像进行逐层渲染特效处理，这样可以提高渲染速度。

目标距离：对于自由摄像机，此选项设置了一个不可见的目标点，使其可以围绕这个目标进行运动，对于目标摄像机来说，这个选项用于设置摄像机与目标点之间的距离。

5.4.2 "景深参数"卷展栏

多重过滤景深，摄像机可以产生景深的多重过滤效果，并且表现在视图里，如图 5.21 所示。

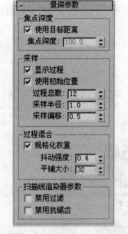

图 5.21 "景深参数"卷展栏

使用目标点距离：开启，以摄像机目标点周围为每个周期摄像机进行偏移的位置，关闭则以"焦点深度"的值进行摄像机偏移。默认为开启。

焦点深度：当使用摄像机目标点设置关闭时，设置摄像机偏移时的深度。

显示过程：开启，渲染虚拟帧缓存器里显示多重过滤渲染的过程；关闭，虚拟帧缓存器只显示最终结果。

使用初始位置：开启，在摄像机的初始位置渲染第一个周期；关闭，则每个渲染周期向随后的周期互相间进行偏移。

过程总数：设置产生特效的周期总数，增加数值可以增加特效的准确性，但也增加渲染时间。

采样半径：场景为产生模糊而进行图像偏移的半径，提高数值可以增强整体的模糊效果，降低数值可以减小模糊效果，系统默认为 1.0。

【特别提示】

镜头的运动模糊和景深模糊产生的原理就是将摄像机在原地振荡，拍摄一连串的振荡图像，这些图像都是在摄像机位置周围拍摄的，振荡的幅度越大，也就是"采样半径"数值越大，得到的图像就越模糊，振荡次数越多，也就是"过程总数"越大，得到的渲染图像就越多。最后把这些图像重合在一起，所以效果就相当细腻。由于它的原理是重复渲染图像，所以相当占用系统资源，速度也会相应过慢。

采样偏移：设置模糊远离或靠近半径的权重值，增加数值可以增加景深模糊的量级，产生更为一致的效果，降低数值可以减小景深模糊的量级，产生更为随意的效果，范围从 0.0～1.0，默认为 0.5。

过程混合：多个景深周期结果通过抖动混合在一起，通过参数可以对"抖动"进行控制，这里的参数只在渲染时对景深效果有效，对视图预览无效。

规格化权重：周期通过随机的权重值进行混合，应避免出现斑纹等异常现象，开启时，权重值统一标准，所产生的结果应为平滑，关闭结果更为尖锐。

抖动强度：设置作用于周期的抖动强度，增加数值可以增加抖动的程度，产生更为颗粒化的效果，默认值为 0.4。

平铺大小：经百分比设置计算抖动中使用图案的重复尺寸，0 最小，100 最大，系统默认为 32。

扫描线渲染器参数：用于在渲染多重过滤场景时取消抗锯齿和抗锯齿滤镜效果，以提高渲染速度。

禁用过滤：开启后，过滤周期失效，默认为关闭。

禁用抗锯齿：开启它，抗锯齿失效，默认为关闭。

本 章 小 结

本章主要讲解了创建灯光的一些方法，简单介绍了聚光灯和泛光灯的区别和作用以及阴影的设置等内容。阴影对表现灯光是很重要的，有的灯光不用打开阴影，阴影过多会使效果变得混乱，这些都会在实例中慢慢体会。灯光的强度也是要注意的，灯光过强会使物体受光强烈，与真实场景中的光照相差很远，修改参数在灯光里也是很关键的，可以自行去修改，去调整，如可以参照真实物体去调整场景视图。还有其他的一些灯光本教程没有介绍到，可参考其他书籍。

习 题

1. 选择题

(1) 下面(　　)阴影形式生成阴影速度慢，但能够生成精确的阴影区域和清晰的边界，几乎总是与投射它们的对象吻合。

    A．阴影贴图   B．光线跟踪阴影
    C．区域阴影   D．mental ray 阴影贴图

  (2) 下面(　)可以使聚光灯照射到"衰减区"角度以外的范围，并在多个方向上都能投射阴影。

    A．增大倍增的数值   B．扩大聚光区的角度
    C．扩大衰减区的角度   D．泛光化

  2．简答题

(1) 投影贴图有什么作用？

(2) 泛光灯与聚光灯有哪些区别？

(3) 摄像机的作用是什么？

第6章 室内外动画制作基础

教学目标

本章应掌握 3ds max 动画制作的基本规律及制作要点,重点把握 3ds max 动画相关技术命令,达到具备制作基础动画的能力。

教学要求

能力目标	知识要点	权重	自测分数
了解动画制作的基本原理	时间调整、关键帧的创建	20%	
掌握各种制作动画的方式	参数动画、灯光摄像机动画、材质动画、粒子动画	40%	
掌握轨迹视图的使用	Track View 的应用	20%	
掌握动画控制器	常用控制器的使用	20%	

📖 **章前导读**

前面 5 章内容已逐步介绍了如何制作精美的设计图，3ds max 强大的平台提供了设计的便利，设计者可以根据自己的认识自由发挥，创作出让人满意的静止的作品。而在实际中，人们会经常需要把自己设计的东西动态地展示给大家，基础动画在 3ds max 上，又是怎样实现的呢？

该如何制作一个扭动的茶壶？如何用粒子制作喷泉效果和制作特效？如何利用空间扭曲制作动画？如何调整轨迹视图生成动画？动画效果如图 6.1 所示。

图 6.1　效果图

本章将向大家介绍一些动画制作的基础知识，包括操作界面的结构及其各部分功能、一些制作动画的基本常识等。另外，还将带领大家练习一些动画制作，使大家了解动画制作的全过程。

6.1　动画的基本概念

赋予无生命的物体、图像或者绘制图片等以生命的活力，就是动画的原始内涵。在动画中，运动的幻觉通过快速现实静态画面或者画面序列来实现。动画最基本的一点就是能够随一定的时间间隔而变化。在 3ds max 中，几乎任何东西都会随时间变化，即所创建的任何东西都可以被制成动画。制作动画时控制时间的长短是非常重要的。调整时间的控件如图 6.2 所示。

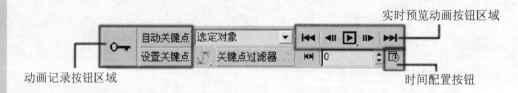

图 6.2　调整时间的控件

6.1.1 动画的时间间隔和关键帧

动画时间间隔和关键帧的安排对于一个动画设计师来说是一个很重要的概念。比如制作一个球体从一处弹跳到另一处的动画，当球体由一个落地点到下一个落地点之间时有一个时间差，这个时间差就是时间间隔。时间间隔的长短反映了物体运动过程的开始、加速、减速、停顿或者受外力反弹甚至掉落到另外空间的节奏，如图 6.3 所示。

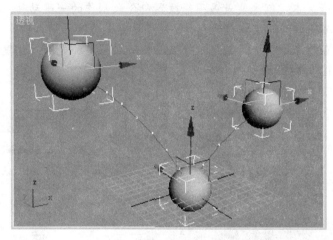

图 6.3　球体从一处运动到另一处的时间差就是时间间隔

关键帧就是记录场景内对象或元素每次变换的起点和终点。例如，如果有一个方框没有设置成动画，那么就不会有关键帧存在。如果启用"自动关键点"按钮，移到帧 20，并将方框旋转 90 度，就会在帧 0 和帧 20 上创建"旋转"关键点。帧 0 上的关键点表示方框旋转之前的方向，而帧 20 上的关键点表示方框旋转 90 度后的方向。在制作动画时，框从 0 度旋转到 90 度共跨过 20 帧，如图 6.4 所示。

图 6.4　关键帧与时间滑块面板

6.1.2 动画制作的基础操作

在 3D 中进行动画的基础操作还是很简单的，基本上围绕着 3 个步骤去制作即可完成动画。

(1) 单击"自动关键点"按钮。
(2) 调整时间滑块的时间位置。
(3) 改变要制作动画物体的状态或者自身的参数。

【特别提示】

在 3D 中几乎所有的参数及修改都可以创建出动画，所以为避免误操作，应该在一段动画生成结束以后把"自动关键点"按钮关闭。

【应用案例】

扭动的茶壶。本案例主要是另用修改器命令来制作的一段动画，要注意在制作的过程中把握不同时间改变物体的参数，从而达到制作动画的目的。

在视图中创建一个茶壶，为了让修改物体时效果更加光滑，这里需要把茶壶的段数加大，如图 6.5 所示。

在"修改"面板中找到修改列表，加入"弯曲"修改器，如图 6.6 所示。

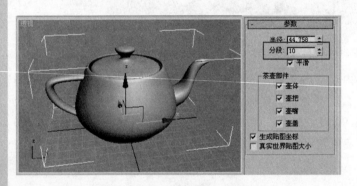

图 6.5　创建茶壶　　　　　　　　　　图 6.6　加入"弯曲"修改器

开始创建动画效果。单击"自动关键点"按钮，调整时间滑块到 30 帧处，如图 6.7 所示。

图 6.7　打开记录动画按钮和调整时间

调整茶壶弯曲修改器的参数，如图 6.8 所示。
调整时间滑块到 60 帧处，如图 6.9 所示。
调整茶壶弯曲修改器的参数，如图 6.10 所示。
调整时间滑块的位置到 90 帧处，如图 6.11 所示。
调整茶壶弯曲修改器的参数，如图 6.12 所示。

图 6.8 调整参数

图 6.9 调整时间滑块的位置

图 6.10 调整参数

图 6.11 调整时间滑块的位置

图 6.12 调整参数

动画设置完毕。单击关闭"自动关键点"按钮,单击"播放动画"按钮观看动画效果,如图 6.13 所示。

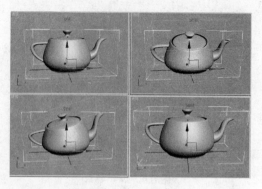

图 6.13　观察动画效果

6.2　动画的实现方式

在 3ds max 中，动画的实现方式有很多种，本节主要介绍参数动画、灯光材质和摄像机动画、粒子系统动画、空间扭曲变形动画等一些创建动画的方式。

6.2.1　参数动画

参数动画是 3ds max 中创建动画最直接的一种方式，基本上物体的主要参数都可以制作成动画效果。只要是符合创建动画的 3 个步骤，就会创建出参数动画来，圆环动画的参数设置如图 6.14 所示。

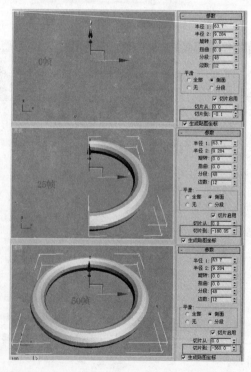

图 6.14　圆环在不同时间段当中参数动画的变化

6.2.2 灯光、材质和摄像机动画

灯光创建动画的方法也很简单，可以参考参数动画创建的方法，设置灯光移动、旋转以及自身参数的变化等来创建灯光动画的效果。材质动画主要是通过在"材质"面板中调节材质的参数或者改变位图的状态等方法来创建动画。摄像机动画主要是通过移动或者创建路径动画的方法来制作摄像机动画。

【应用案例】

制作文字动画。本案例是通过制作文字动画的效果来实现灯光、材质和摄像机动画的。在制作过程中，重点把握3种动画方式的创建方法以及制作过程。

在前视窗中创建文字，并给文字加入倒角修改器，如图6.15所示。

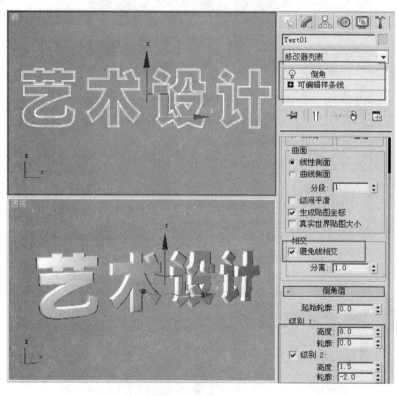

图6.15 制作文字效果

给视图中加入相应的灯光效果，在本实例中应用的是泛光灯，前边的两个泛光灯倍增值参数为0.1，后边的两个泛光灯倍增值参数为0.5。创建位置如图6.16所示。

为文字创建材质效果，如图6.17所示。

在"贴图"面板中为反射通道加入"光线跟踪器参数"，并在其内部再加入相应的金属贴图，如图6.18所示。

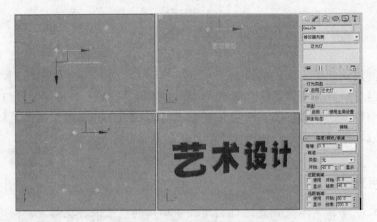

图 6.16 创建 4 个泛光灯效果

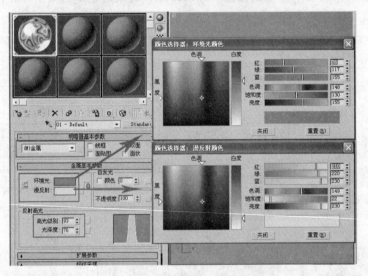

图 6.17 "材质"面板

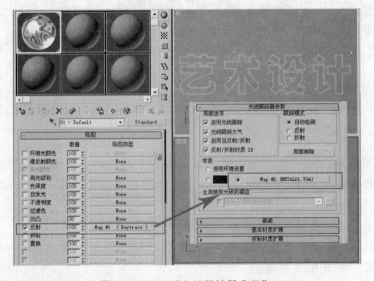

图 6.18 加入"光线跟踪器参数"

为场景加入摄像机,并选择透视窗时按C键来切换为摄像机视图,如图6.19所示。

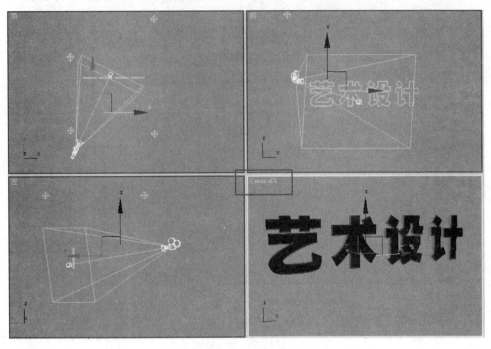

图 6.19　创建摄像机

开始创建相应的动画。在视图中文字的左上端再创建一个泛光灯,倍增值参数为1.0,用它来制作灯光运动的效果,如图6.20所示。

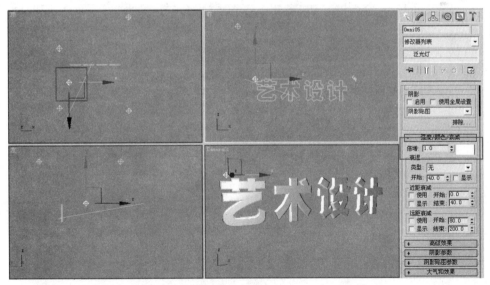

图 6.20　创建泛光灯

调整时间滑块到90帧处,单击打开"自动关键点"按钮,在前视图中选择刚刚建立的泛光灯由左边移动到右边,如图6.21所示。

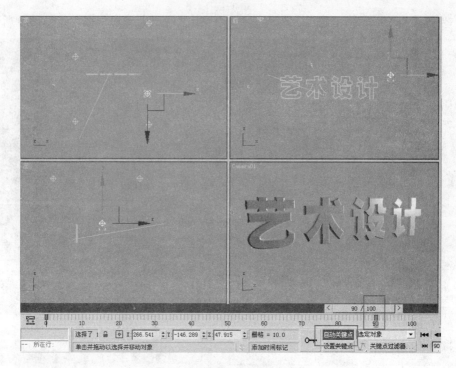

图 6.21 制作泛光灯移动动画

制作材质动画。单击"自动关键点"按钮，将其关闭。打开"材质"面板进入到反射通道的"贴图"面板中，如图 6.22 所示。

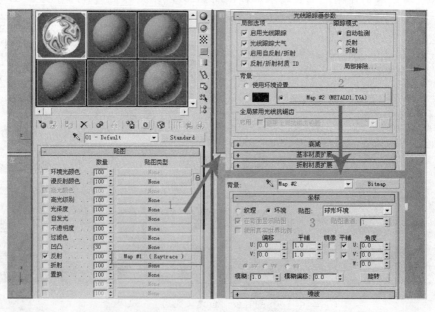

图 6.22 进入"贴图"面板中

调整时间滑块到 100 帧处，单击打开"自动关键点"按钮，调整贴图面板中角度"W"的参数为 300。单击"自动关键点"按钮，将其关闭，如图 6.23 所示。

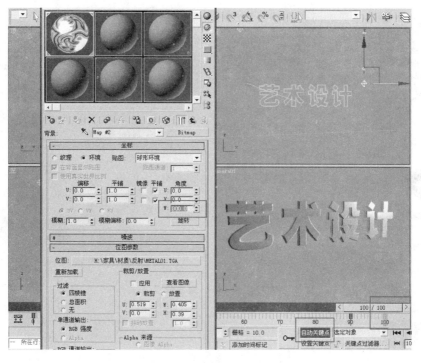

图 6.23 调整角度的动画参数

制作摄像机动画。调整时间滑块到 90 帧处,单击打开"自动关键点"按钮,在顶视图中选择摄像机从左边移动到右边,摄像机的目标点,也要根据最终视图中构图的效果调整位置。单击"自动关键点"按钮,将其关闭,如图 6.24 所示。

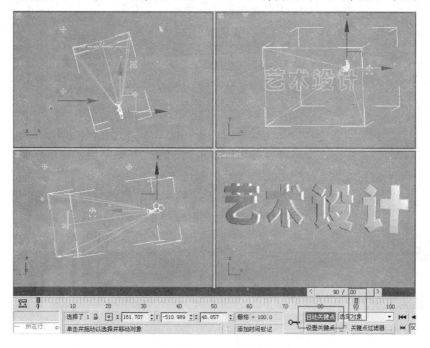

图 6.24 调整摄像机的位置并记录动画

完成并渲染不同时间段上的效果进行观察，如图6.25所示。

0帧　　　　　　　　　　　30帧

60帧　　　　　　　　　　　100帧

图6.25　最终完成效果

6.2.3　粒子系统动画

粒子动画是3ds max中非常常用的一个动画工具。利用它可以创建出很多特殊的效果，比如喷泉、火花等，还可以利用它制作出很多物体的集合，水、烟雾、蚂蚁甚至人群等示例。"粒子系统"面板如图6.26所示。

图6.26　"粒子系统"面板

打开"创建"面板，单击"几何体"按钮，在下拉菜单中选择"粒子系统"选项。"喷射"和"雪"粒子是最基础的两个粒子，"暴风雪"和"超级喷射"粒子是很有代表性的粒子。"粒子阵列"使用另一个对象作为粒子发射器，可以通过设置粒子类型，使用发射器对象的碎片模拟对象爆炸效果。"粒子云"将粒子限制在指定的体积内，例如，可以使用粒子云在汽水瓶中生成气泡等效果。PF Source"粒子流"是一种新型、多功能且强大的 3ds max 粒子系统。它使用一种称为粒子视图的特殊对话框来使用事件驱动模型。在粒子视图中，可将一定时期内描述粒子属性(如形状、速度、方向和旋转)的单独操作符合并到称为事件的组中。每个操作符都提供一组参数，其中多数参数可以设置动画，以更改事件期间的粒子行为。随着事件的发生，"粒子流"会不断地计算列表中的每个操作符，并相应更新粒子系统。

【应用案例】

1. 制作喷泉效果

本案例是通过超级喷射粒子完成的实例，在制作过程中重点把握粒子的参数调整,以及通过其他作用力来辅助制作的作用。

在顶视图中创建一个"超级喷射"粒子,调整其参数,如图6.27所示。

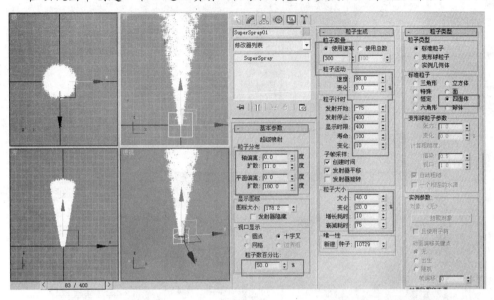

图6.27 粒子调整参数

在"创建"命令面板中单击"空间扭曲"按钮,在"力"菜单中单击"重力"按钮。在顶视图中创建重力,并在"修改"面板中改变其参数,如图6.28所示。

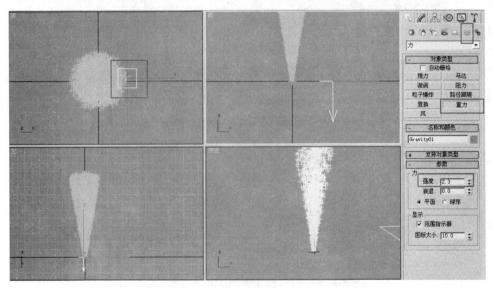

图6.28 创建重力

单击"重力"图标,单击"绑定到空间扭曲"工具,按住鼠标左键拖动到粒子身上后松开鼠标,使重力与粒子绑定在一起,如图6.29所示。

在"创建"命令面板中单击"空间扭曲"按钮,在下拉菜单中选择"导向器"选项,单击"导向板"按钮,在顶视图中创建一个导向板图标,如图6.30所示。

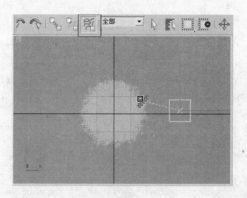

图 6.29 绑定粒子

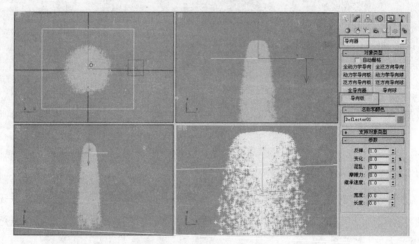

图 6.30 创建导向板

选择导向板图标，单击"绑定到空间扭曲"工具，按住鼠标左键拖动到粒子身上后松开鼠标，使导向板与粒子绑定在一起，如图 6.31 所示。

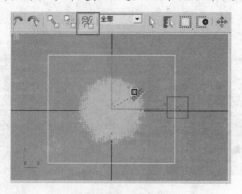

图 6.31 用导向板绑定粒子

在"修改"面板中调整导向板的参数，如图 6.32 所示。

选择粒子单击鼠标右键，在快捷菜单中选择"对象属性"对话框中，选中"运动模糊"命令下的"图像"单选按钮，设置"倍增"参数为 1.1，如图 6.33 所示。

图 6.32 调整导向板的参数

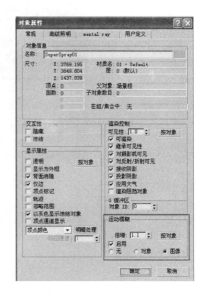
图 6.33 "对象属性"对话框

在材质编辑器中为粒子调整参数并赋予材质，如图 6.34 所示。

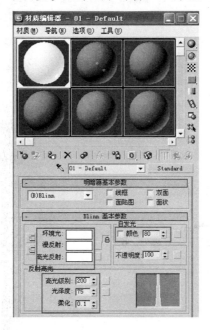
图 6.34 调整材质

拖动时间滑块或单击渲染观看最终效果，如图 6.35 所示。

2. 粒子流操作案例

粒子流的操作和其他粒子操作有很大区别，因此要求在学习本案例时重点把握粒子流的操作过程，以及调整不同参数所带来效果的变化。

分别在视图中创建一个大的球体和一个小的球体，如图 6.36 所示。

图 6.35 完成效果

图 6.36 创建两个球体

在视图中创建一个 PF Source "粒子流",并单击"修改"面板"设置"卷展栏中的"粒子视图"按钮,弹出"粒子视图"对话框,如图 6.37 所示。

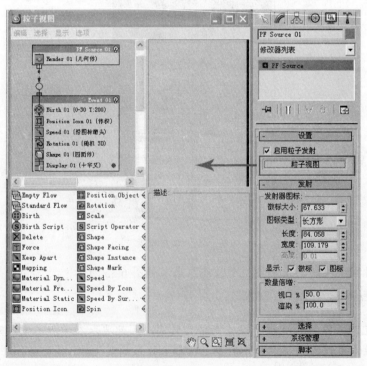

图 6.37 "粒子视图"对话框

调节粒子的数量，如图 6.38 所示。

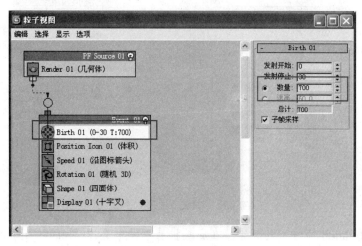

图 6.38　粒子的数量

调节粒子发射的位置。在底下扩展事件中找到"Position Object"命令，按住鼠标左键拖动到 Event 01 面板中"Position Icon 01(体积)"上，将其替换。并在右侧面板中拾取大的球体，使其为发射粒子的物体，如图 6.39 所示。

图 6.39　替换物体事件

设置粒子发射的速度为 0.0，因为本案例不需要粒子产生运动，如图 6.40 所示。

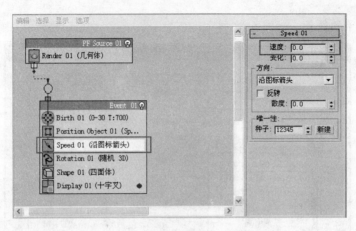

图 6.40 调整"速度"参数

选择 Rotation 事件将其删除。在底端扩展事件中选择"Shape Instance"命令拖动到 Event 01 面板中"Shape Instance 01"身上，将其替换。并在右侧面板中拾取视图中小球体，更改"变化"参数，如图 6.41 所示。

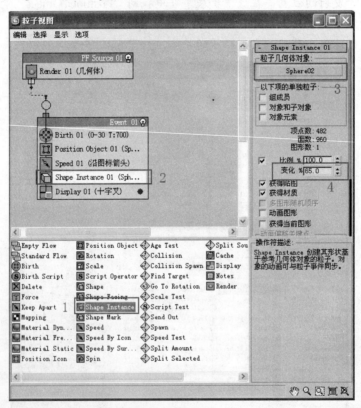

图 6.41 设置粒子形态

在 Event01 面板中加入"Material Static"，并把调整好的材质拖动给它，如图 6.42 所示。

隐藏视图中大球和小球，渲染观看效果，如图 6.43 所示。

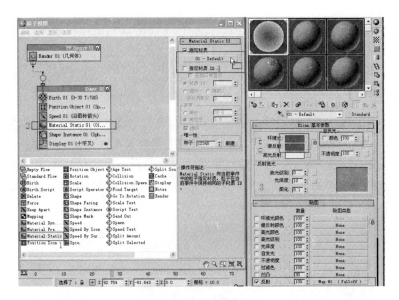

图 6.42 创建材质事件

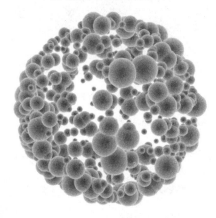

图 6.43 渲染后的效果

6.2.4 空间扭曲变形

空间扭曲能创建出使其他对象变形的力场,从而创建出涟漪、波浪和风吹等效果。"空间扭曲"面板如图 6.44 所示。

创建空间扭曲对象时,视窗中会显示一个线框来表示它。要注意的是,它的形态是不可以渲染的。它可以通过改变自身的参数或者是调整空间扭曲的位置、旋转和缩放来影响物体的作用。空间扭曲只会影响和它绑定在一起的对象。在自身的"创建"面板中都有"支持对象类型"卷展栏,可以在其中看到其自身支持的对象类型。在前面的章节中已经应用过一些空间扭曲的工具,如重力和导向

图 6.44 "空间扭曲"面板

板，这两个空间扭曲物体非常具有代表性，在学习的过程中，可以举一反三地去了解其他相关的空间扭曲物体。

【应用案例】

波浪文字动画。本案例主要是通过空间扭曲变形中波浪(Wave)来制作完成的。在制作过程中，重点把握参数的变化以及如何利用参数来生成动画的效果。

创建波浪(Wave)。在"创建"面板中单击"空间扭曲"按钮，在下拉菜单中找到几何/可变行命令，单击波浪，在前视图中拖动鼠标创建出波浪图形。进入"修改"面板中调节其相关的参数，如图6.45所示。

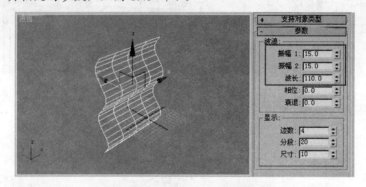

图6.45 创建波浪扭曲变形图形

在前视图中把波浪图形沿着Z轴旋转90°，如图6.46所示。

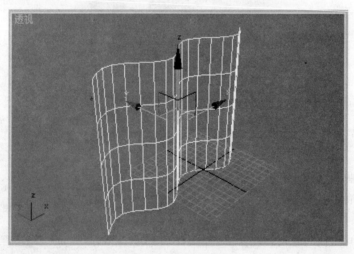

图6.46 旋转角度

在前视图中创建文字，并加入"倒角"修改器，调整其参数，如图6.47所示。

用"绑定到空间扭曲"按钮绑定波浪和字体，如图6.48所示。

制作动画效果。单击"自动关键点"按钮开始记录动画，调整时间滑块到100帧，选择波浪空间扭曲图形，进入到"修改"面板中，调整"相位"的值2.0。单击关闭"自动关键点"按钮。调整后效果如图6.49所示。

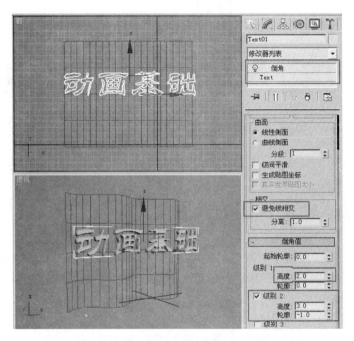

图 6.47 创建文字

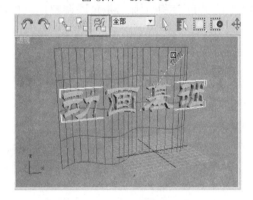

图 6.48 绑定空间波浪图形

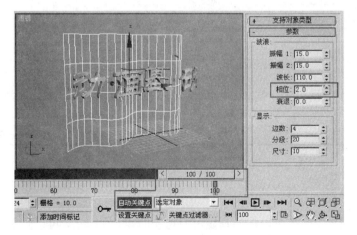

图 6.49 调整动画效果

调整时间滑块或渲染观看效果，如图 6.50 所示。

图 6.50　不同时间段渲染的效果

6.3　室内外动画轨迹视图的使用

"轨迹视图"工具用于查看或调整动画的数据驱动视图。"轨迹视图"显示生成在标准视图中看到的几何体和运动的值和时间。使用"轨迹视图"，可以非常精确地控制场景的每个方面。

"轨迹视图"有两种模式："曲线编辑器"和"摄影表"。"曲线编辑器"将动画显示为功能曲线上的关键点；通过编辑关键点的切线，可控制中间帧。"摄影表"将动画显示为方框栅格上的关键点和范围，并允许调整运动的时间控制。

6.3.1　轨迹视图面板介绍

单击"图标编辑器"菜单中的"轨迹视图—曲线编辑器"和"轨迹视图—摄影表"选项，打开相应的命令面板，如图 6.51 所示。

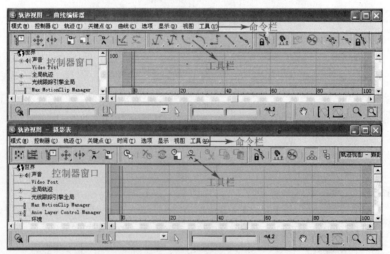

图 6.51　轨迹视图

1．轨迹视图—曲线编辑器

"曲线编辑器"模式可以将动画显示为功能曲线。利用它，可以查看运动的插值、软件在关键帧之间创建的对象变换。使用曲线上找到的关键点的切线控制柄，可以轻松查看和控制场景中各个对象的运动和动画效果。

"轨迹视图—曲线编辑器"界面由菜单栏、工具栏、控制器窗口和关键点窗口组成。在界面的底部还拥有时间标尺、导航工具和状态工具，其功能曲线如图 6.52 所示。

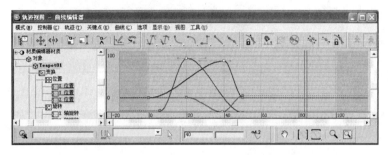

图 6.52　曲线编辑器中的功能曲线

在工具栏中的曲线类型可以使物体曲线变为增强或减缓等效果，以此改变物体的运动速度。曲线类型如图 6.53 所示。

图 6.53　曲线编辑器中的曲线类型

在控制器窗口中单击物体有运动的某一个轴向，如制作一个茶壶沿着 Z 轴运动，在控制器窗口中选择 Z 轴时，右侧就会显示出其运动的曲线效果。曲线编辑器在命令面板中选择"控制器"|"超出范围类型"命令。通过从曲线编辑器添加"超出范围类型"，可以制作超过动画范围的循环动画，如图 6.54 所示。

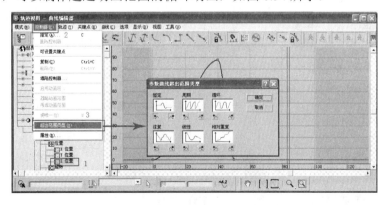

图 6.54　曲线编辑器中的超出范围类型

2．轨迹视图—摄影表

"摄影表"模式可以将动画显示为关键点。在"摄影表"中，可以选择场景中任意或所有的关键点，缩放它们、移动它们、复制与粘贴它们，与"曲线编辑器"不同，"摄影表"拥有两个模式："编辑关键点"和"编辑范围"，如图 6.55 和图 6.56 所示。

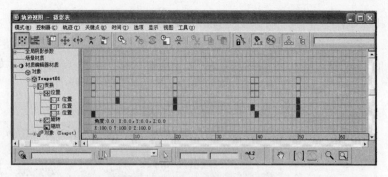

图 6.55 摄影表中的编辑关键点

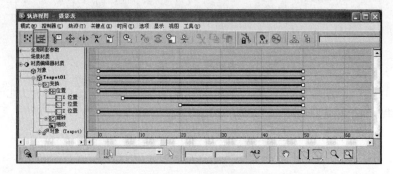

图 6.56 摄影表中的编辑范围

6.3.2 轨迹视图的应用

【应用案例】

翻滚的圆柱体。本案例制作一个圆柱体向前翻滚的动画效果。在制作过程中重点把握轨迹视图的应用。在顶视图中创建一个圆柱体,并在"修改"面板中调节其参数,如图 6.57 所示。

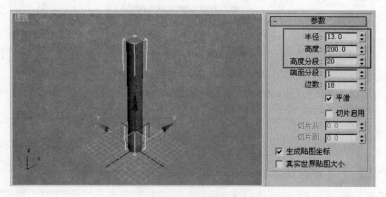

图 6.57 创建圆柱体

在"修改"面板中为圆柱体加入一个"弯曲"修改器,并调整其参数,如图 6.58 所示。

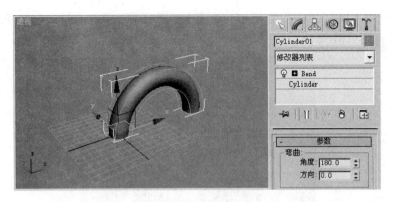

图 6.58　加入弯曲修改器

制作动画效果。单击"自动关键点"按钮,调整时间滑块到 10 帧处,在"修改"面板中调整弯曲角度为-180,如图 6.59 所示。

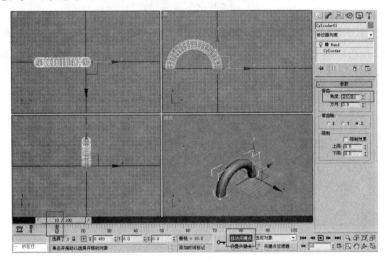

图 6.59　调整弯曲的动画参数

选择移动工具,在前视图中选择 X 轴方向,向左移动-50(在移动工具上单击鼠标右键,即可设置移动变化参数),如图 6.60 所示。

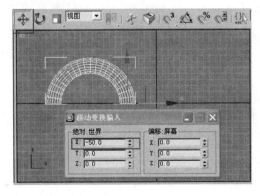

图 6.60　X 轴向参数

在顶视图中旋转Z轴角度为-180(在旋转工具上单击鼠标右键,即可修改旋转变化参数),如图6.61所示。

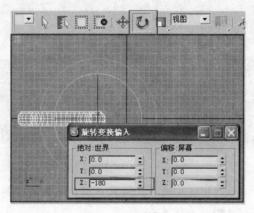

图6.61 旋转Z轴

单击关闭"自动关键点"按钮,在命令栏中选择图表编辑器,单击轨迹视图—曲线编辑器,在编辑器"对象"中找到圆柱体命令并把层级打开,如图6.62所示。

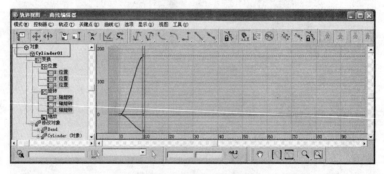

图6.62 打开曲线编辑器

选择层级中修改对象下的Bend(弯曲),并将其层级打开,选择"角度"选项会看到右侧的曲线效果,如图6.63所示。

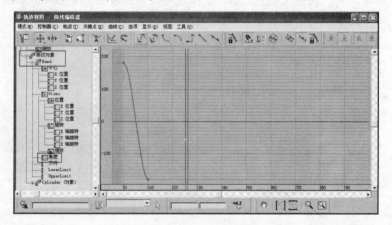

图6.63 选择"角度"选项

在命令面板中选择"控制器"|"超出范围类型"命令,选择"往复"选项,单击"确定"按钮,如图6.64所示。

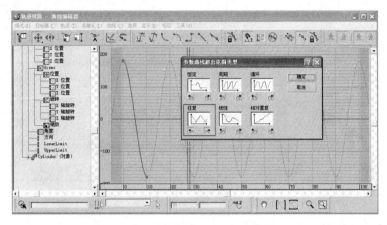

图6.64 超出范围类型的往复

展开"变换"|"位置"|"X位置"节点,右侧出现其曲线效果。选择曲线中任意一个关键点,再选择曲线编辑器的工具中跃阶曲线类型,如图6.65所示。

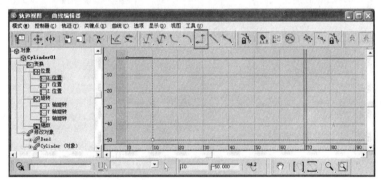

图6.65 选择跃阶曲线

在命令面板中选择"控制器"|"超出范围类型"命令,选择"相对重复"选项,单击"确定"按钮,如图6.66所示。

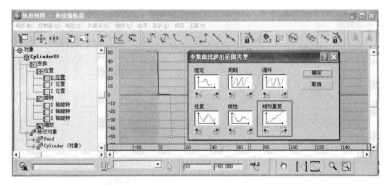

图6.66 超出范围类型的相对重复

用同样的方法，把旋转中 Z 轴向的曲线调整成跃阶类型和相对重复的超出范围类型，如图 6.67 所示。

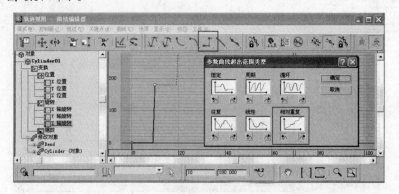

图 6.67　旋转的曲线调整

关闭曲线编辑器面板，在视图中观察圆柱体的运动效果，如图 6.68 所示。

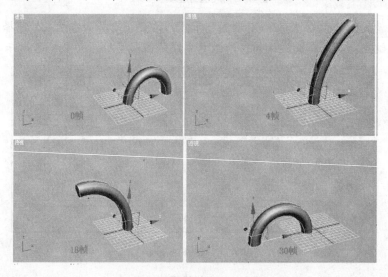

图 6.68　最终圆柱体翻滚效果

6.4　动画控制器

6.4.1　动画控制器使用概述

　　动画控制器实际上就是控制物体运动轨迹规律的事件，它决定动画参数如何在每一帧动画中形成规律，决定一个动画参数在每一帧的值，通常在轨迹视图中或"运动"命令面板中指定。针对物体的每一个项目用户都可以指定特殊的控制器来决定它们的动画状态。给物体制定控制器操作步骤如图 6.69 所示。

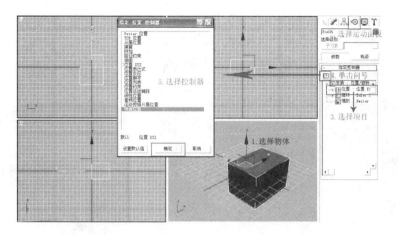

图 6.69　操作控制器步骤

(1) 选择被指定控制的物体。
(2) 在"运动"命令面板中，打开"指定控制器"面板。
(3) 选择"变换"下的任意一项，例如"位置"。
(4) 单击左上端的"问号"图标，打开指定控制器面板。
(5) 在其中选择一个控制器。

6.4.2　常用控制器介绍

1. "路径约束"控制器

路径约束会对一个对象沿着样条线，或在多个样条线间的平均距离间的移动进行限制。

给物体制定路径约束控制器步骤如下。

(1) 在视图中分别创建一个茶壶和一个螺旋图形，如图 6.70 所示。

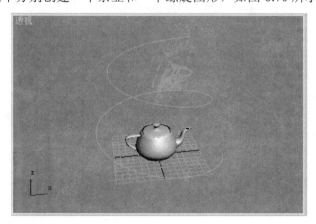

图 6.70　创建物体和图形

(2) 选择茶壶物体，进入到"运动"命令面板中，打开"指定控制器"卷展栏，选择"变换"下的"位置"选项，如图 6.71 所示。

(3) 单击左上端的"问号"图标，打开"指定 位置 控制器"对话框，选择"路径约束"控制器，单击"确定"按钮，如图 6.72 所示。

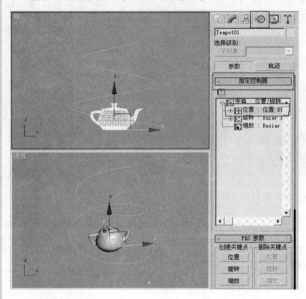
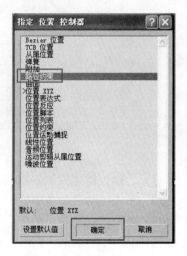

图 6.71 "指定控制器"卷展栏　　　　　图 6.72 "路径约束"控制器

(4) 在"路径参数"卷展栏中单击"添加路径"按钮，在视图中选择螺旋图形，这时会看到茶壶自动拾取到路径线上，在时间线上还会在开始和结束处出现两个关键帧。在"路径参数"卷展栏中，还可以选中"跟随"、"倾斜"复选框，或者改变轴向等。拖动时间滑块会看到茶壶在路径上的运动，如图 6.73 所示。

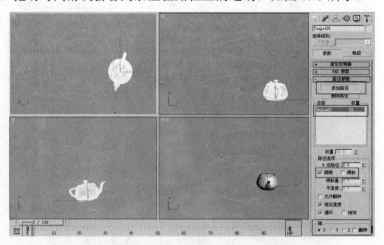

图 6.73 加入"路径约束"控制器的效果

2."注视约束"控制器

注视约束会控制对象的方向，使它一直注视另一个对象。
给物体制定注视约束控制器的步骤如下。
在场景中创建一个圆锥体和一个球体，如图 6.74 所示。

选择球体为它创建一个平移的动画，如图 6.75 所示。

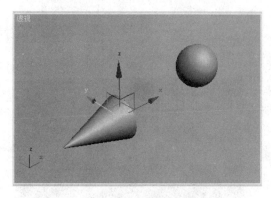
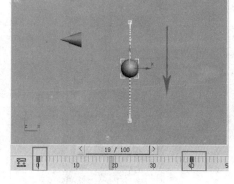

图 6.74 创建物体　　　　　　图 6.75 创建球体平移的动画

选择圆锥体，进入"运动"命令面板中，打开"指定控制器"卷展栏，选择"变换"下的"旋转"选项，单击左上端的"问号"图标，打开"指定 旋转 控制器"对话框，在其中选择"注视约束"控制器，单击"确定"按钮，如图 6.76 所示。

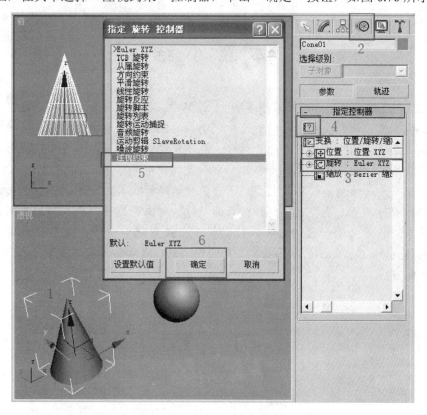

图 6.76 添加"注视约束"控制器

调整"注视约束"卷展栏参数，单击"添加注视目标"按钮，在视图中选择球体，在"选择注视轴"中选中"Z"按钮，如图 6.77 所示。

在视图中拖动时间滑块观看运动效果，如图 6.78 所示。

图 6.77 "注视约束"卷展栏

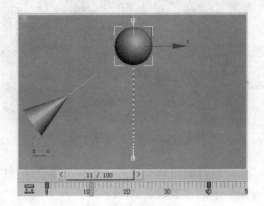

图 6.78 运动的效果

本 章 小 结

  使用 3ds max 制作动画有很多种方法,其中关键帧法是生成动画的最常用方法,尽管工作量大,但它能精确地控制动画的细节,使动画生动自然,较完整地表达设计者的艺术思想。此外材质、灯光及相机也是动画的重要组成部分,通过修改参数或与其他对象(如辅助物体、空间变形等)共同作用实现动画效果。轨迹视图是三维动画创作最重要的、最强大的编辑工具,利用它不仅对关键帧及动作进行调节,还能直接创作对象的动作、动画的发生时间、持续时间及运动状态。它是必须掌握的内容,可以说不会使用轨迹视图,就不可能成为动画制作高手。3ds max 的动画功能是非常强大的,同学们还需要在学习的过程中多做练习。

习 题

1. 选择题

(1) 经过渲染输出后的动画文件格式为( )。
  A. "AVI"   B. "BMP"   C. "JPEG"   D. "TAG"

(2) Rotation 轨迹默认的动画控制器是( )。
  A. Noise Rotation   B. Euler XYZ
  C. Smooth Rotation   D. Assion Scale Controller

2. 简答题

(1) 动画的工作原理是什么？
(2) 动画控制器的作用是什么？

3. 案例分析

分析并制作如图 6.79 所示的动画效果。

要求：场景中的球体有变形的效果并按照路径进行运动。

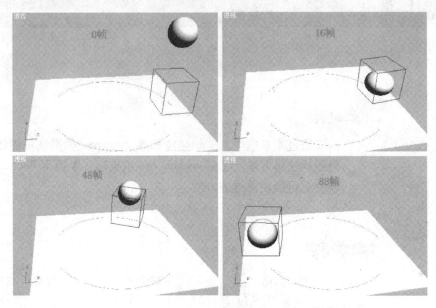

图 6.79　题图 1

第 7 章 效果图的渲染与后期处理

教学目标

通过本章的学习，学生应掌握 3ds max 的默认扫描线渲染器的使用方法；了解 mental ray 渲染器；掌握用 Photoshop 软件进行后期处理的方法。

教学要求

能力目标	知识要点	权重	自测分数
掌握 3ds max 的默认扫描线渲染器的使用方法	渲染按钮及类型	20%	
掌握 3ds max 的"渲染"菜单的使用方法	对"渲染"、"环境"和"效果"命令的掌握	20%	
"渲染场景：默认扫描线渲染器"对话框的使用	对输出大、小设置方法的掌握	20%	
效果图后期处理的方法	调整整体色调及添加配景命令	40%	

章前导读

为制作的场景设置完材质与灯光后，接下来的任务便是将其渲染输出。渲染输出的过程也就是将三维模型文件转化为二维图像或动画的过程。3ds max 软件提供了 3 个渲染器——默认扫描线渲染器、mental ray 渲染器和 VUE 文件渲染器，选择不同的渲染器与渲染方法可以得到不同的效果。后期处理是在 Photoshop 中进行的，这是效果图制作的最后一道工序，主要任务是对输出后的图像进行色调、亮度、对比度的调整，添加人物、植物、家具等配景，使其更加接近于现实，起到画龙点睛的作用。

如图 7.1 所示"展示设计方案"效果图。为了进行效果图渲染和后期处理后的结果，在本章中将通过此案例重点讲述整体色调调整的方法和添加配景的方法等内容。

图 7.1 "展示设计方案"效果图

7.1 室内外效果图的渲染

3ds max 软件提供了 3 个渲染器，分别为默认扫描线渲染器、mental ray 渲染器和 VUE 文件渲染器。每个渲染器的使用方法不同，可以根据场景需要使用不同的渲染器，在效果图制作中一般使用默认扫描线渲染器。

(1) 默认扫描线渲染器：系统默认采用的渲染器，它以一系列水平线来渲染场景。

(2) mental ray 渲染器：它以一系列的方形渲染块来渲染场景，不仅提供了特有的全局照明功能，而且还能够生成焦散照明效果。

(3) VUE 文件渲染器：是一种特殊用途的渲染器，可以生成关于场景的 ASCⅡ 文本说明，其视图文件可以包含多个帧，并且可以指定变换、照明和视图的更改。

【特别提示】

室内外效果图的渲染还可使用渲染巨匠——Lightscape 这一渲染工具，制作出相片级的室内外效果图，将在第 8 章给读者介绍 Lightscape。

7.1.1 渲染按钮及类型

渲染按钮位于主工具栏中，其中"渲染场景对话框"按钮和"快速渲染"按钮是经常使用的两种按钮。单击按钮，在弹出的"渲染场景"对话框中可以设置与渲染有关的参数。单击按钮，将不弹出"渲染场景"对话框，而直接快速渲染当前视图。单击二者之间右侧的下三角按钮，在弹出的下拉列表中可以选择渲染的类型，共有 8 种，如图 7.2 所示。

1. 渲染按钮

(1) 视图：默认的渲染类型，使用该选项即渲染当前被激活的视图。

(2) 选定对象：使用该选项仅渲染当前视图中选定的对象。

(3) 区域：使用该选项，在执行渲染命令后，当前视图会出现一个虚线区域框，用户可以随意改变区域框的大小，系统只渲染当前视图中区域框中的内容。当需要测试渲染场景的一部分时，可以使用该选项。

(4) 裁剪：与"区域"类似，但输出图像的大小不同。选择"区域"选项，区域框以外的对象不被渲染，渲染尺寸不变；选择"裁剪"选项，区域框以外的对象不被渲染，渲染尺寸变小，区域框以外的部分被剪掉。

(5) 放大：使用该选项可以渲染当前视图中指定的区域，并将指定区域内的图像放大填充至整个图像尺寸。

(6) 选定对象边界框：选择该项，可以按照指定的比例调整区域框。当执行"渲染"命令时，将弹出"渲染边界框/选定对象"对话框，如图 7.3 所示。在该对话框中可以指定渲染的宽度和高度及比例。

图 7.2 渲染的类型

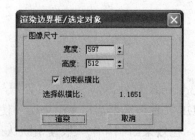
图 7.3 "渲染边界框/选定对象"对话框

(7) 选定对象区域：选择该项，将只渲染当前视图中选定的一个或多个对象，但不改变图像的渲染尺寸。

(8) 裁剪选定对象：选择该项，将只渲染当前视图中选定的一个或多个对象，同时剪掉选定对象以外的区域。

2. 渲染类型的使用

(1) 单击菜单栏中的"文件"|"打开"命令，打开本书素材压缩包的"课内练习—旋转楼梯"文件夹中的"旋转楼梯"文件，如图 7.4 所示。该文件已经设置了合适的材质、灯光与摄影机，下面练习渲染操作。

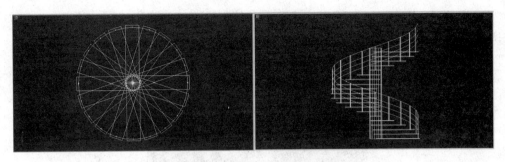

图 7.4 打开的 "旋转楼梯" 文件

(2) 如果想渲染楼梯的局部效果，则单击工具栏中 视图 右侧的下三角按钮，在弹出的下拉列表中选择"区域"选项，将其设置为"区域"渲染类型。

(3) 确认当前视图为相机视图，单击工具栏中的 按钮。则相机视图中将出现一个虚线区域框，如图 7.5 所示。

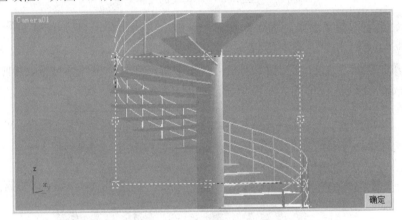

图 7.5 出现的虚线区域框

(4) 将光标指向区域框的四角处，按住鼠标左键向内拖曳鼠标，调整虚线区域框的大小及位置，如图 7.6 所示。

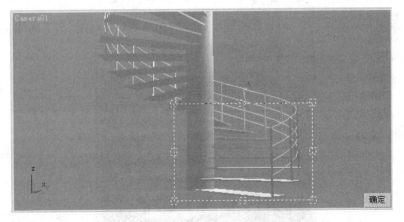

图 7.6 调整虚线区域框的大小及位置

(5) 单击相机视图右下角的 [确定] 按钮，快速渲染相机视图，效果如图 7.7 所示。

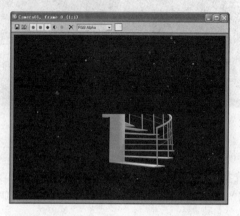

图 7.7 "区域"渲染类型的渲染效果

(6) 如果要在整个渲染画面中全部显示区域框内的部分，可以在 [视图] 下拉列表中选择"裁剪"选项，将其设置为"裁剪"渲染类型。

(7) 单击工具栏中的 按钮，则相机视图中将出现一个虚线区域框，参照前面的操作方法调整虚线区域框的大小及位置，如图 7.8 所示。

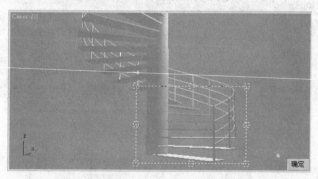

图 7.8 调整虚线区域框的大小及位置

(8) 单击相机视图右下角的 [确定] 按钮，快速渲染相机视图，效果如图 7.9 所示。

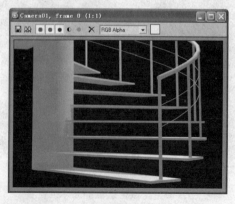

图 7.9 "裁剪"渲染类型的渲染效果

(9) 如果要全面地观察渲染效果，可以在 视图 下拉列表中选择"视图"选项，将其设置为"视图"渲染类型。

(10) 确认当前视图为相机视图，单击工具栏中的 按钮，此时可以观察到全部的图像，效果如图 7.10 所示。

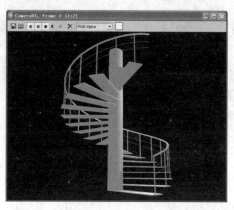

图 7.10 "视图"渲染类型的渲染效果

【特别提示】

3ds max 软件在渲染时会显示一个进度对话框，该对话框显示了渲染的进度和渲染参数设置。如果要停止渲染，可以单击对话框中的 取消 按钮，或者按 Esc 键；如果要暂停渲染，可以单击对话框中的 暂停 按钮。

7.1.2 "渲染"菜单

1. "渲染"菜单简介

"渲染"菜单中的命令主要用于设置渲染场景、环境和渲染效果，使用 Video Post 合成场景以及访问 RAM 播放器等。制作效果图时，其中"渲染"、"环境"与"效果"3 个命令使用比较频繁，需要熟练掌握。

渲染：作用与单击 按钮相同，选择该命令，将弹出"渲染场景"对话框，用于设置渲染参数。

"环境"：选择该命令，将弹出"环境和效果"对话框，共有两个选项卡：其中"环境"选项卡用于设置大气效果和渲染背景；"效果"选项卡用于添加一些渲染特效。

"效果"：该命令与"环境"命令相同，选择该命令后，将弹出"环境和效果"对话框，只是当前显示为"效果"选项卡。

2. 设置背景颜色及环境贴图

(1) 选择"文件"|"打开"命令，打开本书素材压缩包的"柱子 2"文件，如图 7.11 所示。

图 7.11 "柱子 2"文件

(2) 选择"渲染"|"环境"命令,弹出"环境和效果"对话框,如图 7.12 所示。

(3) 单击"背景"选项组中的"颜色"色块,在弹出的"颜色选择器:背景色"对话框中,设置颜色的红色值、绿色值、蓝色值为(0,0,0),如图 7.13 所示。

图 7.12 "环境和效果"对话框

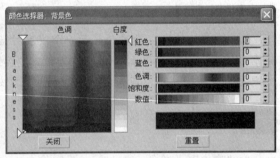

图 7.13 "颜色选择器:背景色"对话框

(4) 单击 关闭 按钮,完成背景颜色的设置。

(5) 确认当前的视图为相机视图,单击工具栏中的 按钮,快速渲染相机视图,效果如图 7.14 所示。

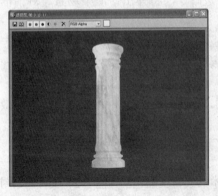
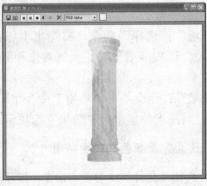

图 7.14 调整背景颜色前后的渲染效果比较

(6) 如果要在背景中设置贴图，可以在"环境和效果"对话框中进行设置。单击"公用参数"卷展栏的"环境贴图"下的 无 按钮，则弹出"材质/贴图浏览器"对话框，双击"位图"选项，在弹出的"选择位图文件"对话框中选择素材压缩包中的"风景"文件，如图 7.15 所示。

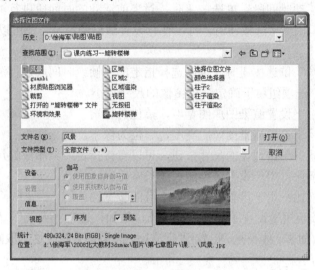

图 7.15　"选择位图文件"对话框

(7) 单击 打开(O) 按钮，完成环境贴图的设置，此时的"环境和效果"对话框如图 7.16 所示。

(8) 确认当前视图为相机视图，单击工具栏中的 按钮，快速渲染相机视图，效果图如图 7.17 所示。

图 7.16　设置环境贴图

图 7.17　调整环境贴图后的渲染效果

7.1.3　"渲染场景"对话框

渲染场景时，一般要在"渲染场景"对话框中进行一些设置，以满足渲染要求。单击工具栏中的 按钮，或者选择"渲染"|"渲染"命令，即弹出"渲染场景"对话框，如图 7.18 所示。

1. 与渲染效果图关系密切的参数

"时间输出"选项组用于确定将要对哪些帧进行渲染。

(1) 选中"单帧"单选按钮时，将只对当前帧进行渲染，得到静态图像。
(2) 选中"活动时间段"单选按钮时，对当前活动的时间段进行渲染。
(3) 选中"范围"单选按钮时，可以任意设置渲染的范围，还可以指定渲染范围为负数。
(4) 选中"帧"单选按钮时，可以选择指定的单帧或时间段进行渲染。

"输出大小"选项组用于确定渲染图像的尺寸大小。

(1) 宽度：用于设置渲染图像的宽度，单位为像素。
(2) 高度：用于设置渲染图像的高度，单位为像素。
(3) 预设按钮：单击预设的尺寸按钮，可以直接指定渲染图像的尺寸大小。
(4) 图像纵横比：用于设置渲染图像的长宽比。
(5) 像素纵横比：用于设置图像像素本身的长宽比。

"选项"选项组用于设置不同的渲染选项。例如，选中"大气"复选框，将对场景中的大气效果(如雾、体积光、特效)进行渲染。渲染效果图时这里取默认设置即可。

2. 渲染场景对话框

(1) 选择"文件"|"打开"命令，打开本书素材压缩包的"冰激凌"文件，如图 7.19 所示。

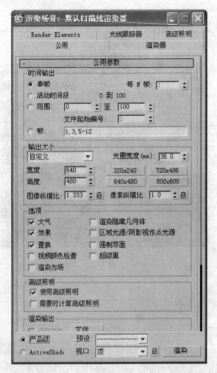

图 7.18 "渲染场景：默认扫描线渲染器"对话框

图 7.19 打开的"冰激凌"文件

(2) 单击工具栏中的 按钮,弹出"渲染场景:默认扫描线渲染器"对话框,在"通用"选项卡的"公用参数"卷展栏中设置"宽度"值为 500,"高度"值为 700,在"视口"下拉列表中选择"Camera01"选项,如图 7.20 所示。

(3) 在 Camera01 视图左上角的视图名称处单击鼠标右键,从弹出的快捷菜单中选择"显示安全框"命令,如图 7.21 所示。

图 7.20　参数设置　　　　　　　　　　图 7.21　快捷菜单

(4) 显示了安全框后的相机视图,如图 7.22 所示。可以在视图中激活 ,按住鼠标左键上下拖动,进一步调整物体的显示大小。

(5) 单击对话框中的 按钮,渲染相机视图,如图 7.23 所示。

 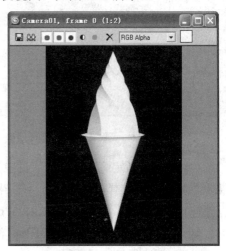

图 7.22　显示了安全框后的相机视图　　　图 7.23　渲染效果

7.2 mental ray 渲染器

mental ray 渲染器让用户不必以插件的形式来使用这一渲染功能，可以直接对其进行控制，并且可以放心使用 3ds max 自带的材质。mental ray 是世界一流的光线追踪和扫描线渲染软件包，它在电影领域得到了广泛的应用和认可，被认为是市场上最高级的三维渲染解决方案。

在 3ds max 中使用 mental ray 渲染器之前，必须先启用并激活该渲染器，操作步骤如下：

(1) 选择"自定义"|"首选项"命令，弹出"首选项设置"对话框，在 mental ray 选项卡中选中"启用 mental ray 扩展"复选框，如图 7.24 所示。

(2) 单击对话框中的 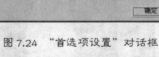 按钮，即可启用 mental ray 渲染器。启用 mental ray 渲染器之后，还要激活该渲染器。

(3) 单击工具栏中的 按钮，在弹出的"渲染场景：默认扫描线渲染器"对话框中，的"公用选项卡"中打开"制定渲染器"卷展栏，如图 7.25 所示。

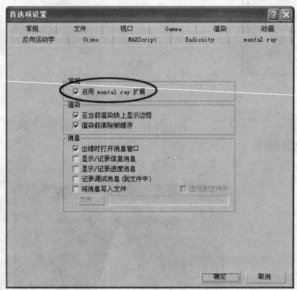

图 7.24 "首选项设置"对话框　　　　　图 7.25 参数设置

(4) 单击"指定渲染器"卷展栏中"产品级"右侧的 按钮，在弹出的"选择渲染器"对话框中选择"mental ray 渲染器"选项，如图 7.26 所示。

(5) 单击 按钮，将 mental ray 渲染器设为当前渲染器，如图 7.27 所示。

通过以上操作，就将 mental ray 渲染器设置成了当前渲染器，这样就可以使用 mental ray 渲染器渲染场景了。

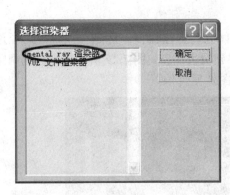
图 7.26 "选择渲染器"对话框

图 7.27 设置 mental ray 渲染器

【知识链接】

本教材对 mental ray 渲染器只是简单介绍,读者如果想深入学习可阅读介绍 mental ray 渲染器的专门教材。

7.3 后期处理

使用 3ds max 软件制作的效果图一般都需要进行后期处理,如调整图像整体色调、亮度与对比度,添加植物配景等这些操作可以通过 Photoshop 软件完成,Photoshop 软件窗口如图 7.28 所示。

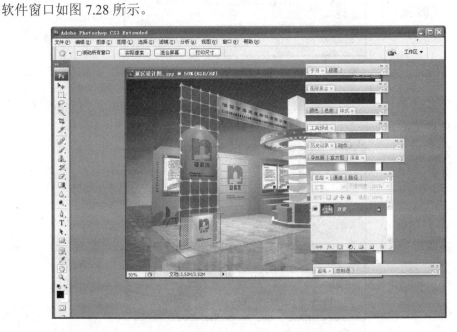
图 7.28 Photoshop 软件窗口

7.3.1 调整图像整体色调

使用 3ds max 软件制作的效果图在整体色调上往往很难达到预期效果，经过 Photoshop 软件处理后，整个图像色调就会得到很大调整。图 7.29 所示就为色调调整前后的不同效果，左侧图像偏蓝偏暗，右侧图像偏亮偏黄。

图 7.29　色调调整前后的不同效果

在 Photoshop 软件中可以使用如下方法调整图像色调。

(1) 选择"图像"|"调整"|"色彩平衡"命令，在弹出的"色彩平衡"对话框中设置适合的参数即可，如图 7.30 所示。

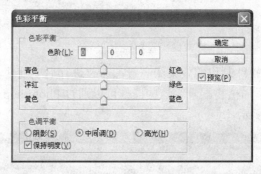

图 7.30　"色彩平衡"对话框

(2) 选择"图像"|"调整"|"色相/饱和度"命令，在弹出的"色相/饱和度"对话框中设置适合的参数即可，如图 7.31 所示。

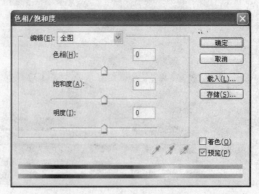

图 7.31　"色相/饱和度"对话框

(3) 选择"图像"|"调整"|"变化"命令，在弹出的"变化"对话框中设置适合的参数即可，如图 7.32 所示。

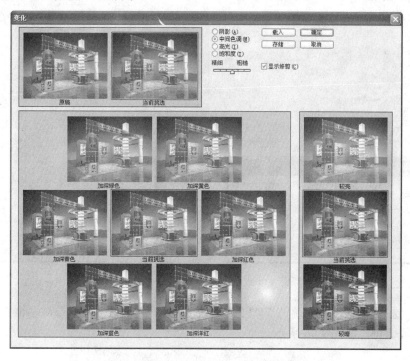

图 7.32 "变化"对话框

7.3.2 调整亮度与对比度

使用 3ds max 软件渲染出来的图像如果比较暗，可以在 Photoshop 中调整其亮度与对比度。如图 7.33 所示调整亮度与对比度前后的效果。

图 7.33 调整亮度与对比度前后的效果

在 Photoshop 软件中可以使用如下方法调整图像的亮度与对比度。

(1) 选择"图像"|"调整"|"亮度/对比度"命令，在弹出的"亮度/对比度"对话框中设置适合的参数即可，如图 7.34 所示。

(2) 选择"图像"|"调整"|"曲线"命令，在弹出的"曲线"对话框中设置适合的参数即可，如图 7.35 所示。

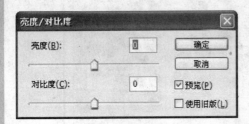

图 7.34 "亮度/对比度"对话框

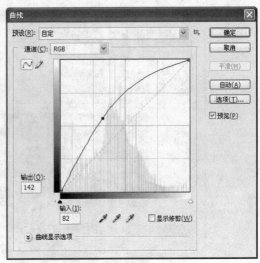

图 7.35 "曲线"对话框

(3) 选择"图像"|"调整"|"色阶"命令，在弹出的"色阶"对话框中设置适合的参数即可，如图 7.36 所示。

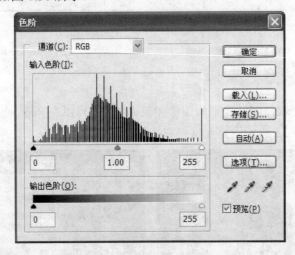

图 7.36 "色阶"对话框

7.3.3 添加配景

添加配景就是为渲染输出的图像调入相应的人物、植物、家具等配景，从而使效果图更加真实。调入配景时要根据要求对其进行大小、位置、亮度、对比度、色调的调整，使整个空间搭配协调，真正起到锦上添花的作用。如图 7.37 所示添加配景前后的效果比较。

图 7.37 添加配景前后的效果比较

【知识链接】

本小节对 Photoshop 后期处理效果图的功能只是简单介绍，读者如果想深入学习，可阅读北大出版社组织编写的本系列教材的专门效果图后期处理教材。

7.4 综合应用案例

对"展示设计方案"进行渲染并对渲染后的效果图进行后期处理，效果如图 7.38 所示。

图 7.38 渲染后的效果图

7.4.1 渲染效果图

(1) 选择"文件"|"打开"命令，打开本书素材压缩包文件夹中的"展区"文件，如图 7.39 所示。该文件已经设置了合适的材质、灯光与摄影机，只需渲染即可。

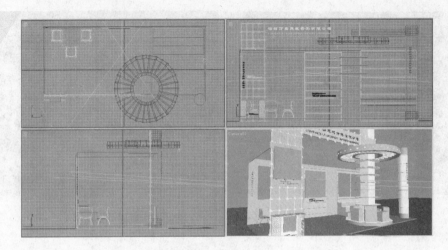

图 7.39 打开本书素材压缩包文件夹中的"展区"文件

(2) 单击主工具栏中的 按钮，弹出"渲染场景"对话框，在"公用"选项卡的"公用参数"卷展栏中设置"宽度"值为 1280，"高度"值为 960，在底端的"视口"下拉列表中选择"Camera01"选项，如图 7.40 所示。

(3) 单击 渲染 按钮，快速渲染摄影机视图，渲染效果如图 7.41 所示。

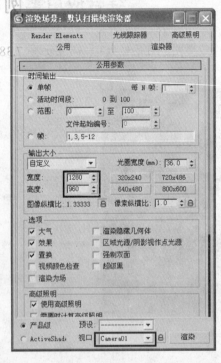

图 7.40 设置渲染参数

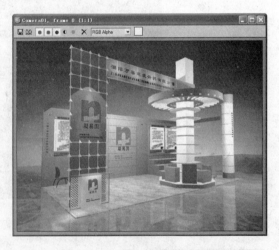

图 7.41 快速渲染摄影机视图

(4) 在"保存类型"选项中选择需要的格式，如 JPEG 格式，单击对话框中的 按钮，在弹出的"浏览图像供输出"对话框中将渲染结果保存为"展区设计图"，如图 7.42 所示。

(5) 如果选择 TIF 格式，单击 保存(S) 按钮，在弹出的"TIF 图像控制"对话框中选中"存储 Alpha 通道"复选框，并设置输出图像的分辨率为 300，如图 7.43 所示。

图 7.42 "浏览图像供输出"对话框　　　　图 7.43 "TIF 图像控制"对话框

(6) 单击 确定 按钮，完成对"展区设计图"图像的输出保存。

7.4.2 对效果图进行后期处理

利用 Photoshop 对效果图进行后期处理是制作效果图的最后一道工序，这是提高效果图质量的关键步骤之一。这一过程主要包括色彩校正、添加配景等内容。

(1) 启动 Photoshop CS 软件。

(2) 选择"文件"|"打开"命令，打开"展区设计图"文件，这是前面渲染输出的图像文件，如图 7.44 所示。

图 7.44 打开待后期处理的文件

(3) 选择"图像"|"调整"|"曲线"命令，在弹出的"曲线"对话框中设置合适的参数，如图7.45所示。

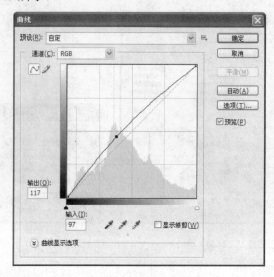

图 7.45 "曲线"对话框

(4) 调整完毕后，单击 确定 按钮。

(5) 选择"文件"|"打开"命令，打开"配景"文件夹中的"树梢"文件，如图7.46所示。

图 7.46 打开"树梢"文件

(6) 单击工具箱中的 按钮，将"树梢"图像拖曳到"展区设计图"图像窗口中，此时"图层"面板中将自动生成一个新图层。

(7) 按 Ctrl+T 组合键，为"树梢"图像添加变形框，然后将光标指向变形框任意一角的控制点，当光标变为倾斜的双向箭头时，按住 Shift 键的同时向内拖曳鼠标，将图像等比例缩小，如图 7.47 所示。

图 7.47　等比例缩小图像

(8) 按 Enter 键确认变换操作，然后使用 按钮将图像调整至图像的右上角，如图 7.48 所示。

图 7.48　调整树梢后的效果

(9) 选择"图像"|"调整"|"色相/饱和度"命令，在弹出的"色相/饱和度"对话框中设置各项参数，如图 7.49 所示。

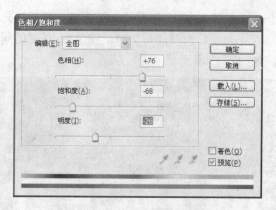

图 7.49 "色相/饱和度"对话框

(10) 单击 确定 按钮,将"树梢"图像色调调整。

(11) 用同样的方法,将"配景"文件夹中的"瓶花"、"散尾葵"文件中的图像用 按钮将其拖曳到"展区设计图"图像窗口中,并调整大小与位置,如图 7.50 所示。

图 7.50 调整各图像大小与位置

(12) 打开配景文件夹中的"绿萝"、"人物 1"文件,使用 按钮将其中的图像拖曳到"展区设计图"图像窗口中。使用 Ctrl+T 组合键,为"绿萝"、"人物 1"图像添加变形框,然后将光标指向变形框任意一角的控制点,当光标变为倾斜的双向箭头时,按住 Shift 键同时向内拖曳鼠标,将图像等比例缩小,如图 7.51 所示。

(13) 复制"绿萝"、"人物 1"图像所在的图层,选择"编辑"|"变换"|"垂直翻转"命令,将复制出的图层垂直翻转,调整图层的不透明度,做出倒影的感觉,如图 7.52 所示。

图 7.51　图像等比例缩小

图 7.52　制作倒影

(14) 按照前面的方法，将"人物 2"、"人物 3"、"人物 4、"人物 5"文件中的图像，使用 按钮将其拖曳到"展区设计图"图像窗口中，编辑比例、倒影，如图 7.53 所示。

(15) 将"树 1"文件中的图像，使用 按钮将其拖曳到"展区设计图"图像窗口中，按 Ctrl+T 组合键缩放至合适比例，然后按 Shift+Alt 组合键的同时单击 按钮复制并移动"树 1"图像，执行 3 次，放置到合适位置，如图 7.54 所示。

(16) 按照前面的方法，将"灯具"文件中的图像，使用 按钮将其拖曳到"展区设计图"图像窗口中，调整至合适的比例，运用参考线工具调整灯具高度位置，如图 7.55 所示。

图 7.53 编辑其他配景比例、倒影

图 7.54 编辑远处树景

图 7.55 调整灯具

(17) 选择"编辑"|"变换"|"斜切"命令，分别调整左边展板上单个灯与公司名上面一组灯的透视，调整后效果如图 7.56 所示。

图 7.56 调整灯具透视效果

(18) 将展架部分放大，将"样品 1"、"样品 2"文件中的图像拖曳到"展区设计图"图像窗口中，然后进行编辑，如图 7.57 所示。

图 7.57 编辑展架配景

(19) 将展台部分放大，将"产品袋 1"、"产品袋 2"文件中的图像拖曳到"展区设计图"图像窗口中，然后进行编辑，如图 7.58 所示。

(20) 单击 按钮，显示整幅效果图，在图层面板中单击 按钮，在打开的菜单中选择"色彩平衡"命令，在弹出的"色彩平衡"对话框中，设置各项参数调整色调，然后单击 按钮确认操作，如图 7.59 所示。

图 7.58 编辑展台配景

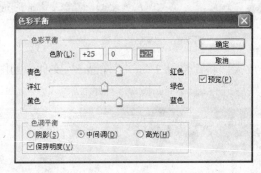

图 7.59 "色彩平衡"对话框

(21) 最终效果如图 7.60 所示。

图 7.60 最终效果

【知识链接】

学习效果图的渲染与后期处理建议大家阅读 mental ray 渲染器、Photoshop 软件的相关书籍，为了搞好设计，还需学习设计方面的知识，可以在设计网站上与设计人员多交流，关注相关软件开发公司发布的消息，了解有关技术的最新情况及发展趋势。

本 章 小 结

本章主要介绍了渲染输出与后期处理的相关内容，这是效果图制作的最后一道工序，其重要性同样不可忽视。如果后期处理不好，会影响方案最终的效果。

本章只从常用角度出发，对渲染类型、菜单命令、常用按钮以及渲染场景对话框进行了介绍。由于篇幅所限，本课对后期处理的内容只略作提示。如果从事效果图后期处理工作，仅仅掌握这些内容是远远不够的，需要读者系统地学习 Photoshop 软件知识。

习　题

1. 填空题

(1) 3ds max 9.0 提供了 3 个附带渲染器，分别为＿＿＿＿＿＿、＿＿＿＿＿＿和＿＿＿＿＿＿，使用不同的渲染器会得到不同的渲染效果。

(2) 单击工具栏右侧 的下三角按钮，在打开的下拉列表中可以选择渲染类型，共有 8 种，分别是＿＿＿＿＿＿、＿＿＿＿＿＿、＿＿＿＿＿＿、＿＿＿＿＿＿、＿＿＿＿＿＿、＿＿＿＿＿＿、＿＿＿＿＿＿ 和 ＿＿＿＿＿＿。

(3) 使用 3ds max 制作效果图一般都需要进行后期处理，这项工作是在＿＿＿＿＿＿中完成的。

2. 简答题

(1) 在 Photoshop 软件中如何调整图像的色调？
(2) 在 3ds max 软件中如何设定渲染图像的尺寸大小？

第8章 Lightscape 效果图渲染

教学目标

通过学习室内外模型构件的编辑方法，了解运用修改器建造室内外模型的步骤和方法。掌握将室内外三维或者二维图形进行特殊的变形修改，产生更完美的模型效果。

教学要求

能力目标	知识要点	权重	自测分数
了解 Lightscape 的界面及基本工具运用	Lightscape 简介及界面熟悉	15%	
运用 Lightscape 对模型进行各种光线设置	Lightscape 光线	40%	
掌握 Lightscape 中材质的编辑方法	Lightscape 材质编辑	25%	
掌握 Lightscape 中的网格设置方法	Lightscape 网格设置	5%	
运用 Lightscape 进行模型效果的渲染输出	Lightscape 渲染输出	10%	
掌握解决影漏问题的方法	Lightscape 影漏问题	5%	

> 📖 **章前导读**

在 3ds max 建模之后,往往要到 Lightscape 中进行渲染,如图 8.1 所示 Lightscape 渲染完后的最终效果。

图 8.1　Lightscape 渲染完后的最终效果

此图看似白天日光效果,但在渲染时,实际上是采用了灯光效果渲染,而玻璃为不透明,上面透出的外面景色是贴图。在 3ds max 和 Lightscape 中均可看到对其的灯光设置,为了使最终效果看起来像是从窗户处照射进的光线效果,因此在窗户处布满了泛光灯。如图 8.2 所示 3ds max 中的泛光灯设置。

图 8.2　3ds max 中的灯光设置

在 Lightscape 中为了方便对众多灯进行修改,因此在 3ds max 中,每一部分的灯都是以"实例"模式进行复制的,到 Lightscape 中,用"实例"模式复制的灯在"光源"面板中只显示为一种灯光,当用右键单击"光源"面板中的"Omni01"时,在弹出的菜单中选择"查询关联"命令,可以看到,此光源的所有灯均被显示,在窗口位置布满,如图8.3所示,绿色部分为光源01。

图 8.3　Lightscape 中看到的光源设置

同理,右击其他光源,在弹出的菜单中选择"查询关联"命令,可看到其他灯的位置。

本章将讲解 Lightscape 界面、光线及在 Lightscape 中的设置及渲染等内容。

8.1　Lightscape 简介及界面熟悉

Lightscape 是一款专业图像渲染软件,它的功能比较单一,不属于完整的三维动画系统,只包括材质、灯光、渲染和相机动画 4 部分内容,模型多来源于外部。

Lightscape 渲染的优势,也就是区分 Lightscape 渲染与 3ds max 渲染的关键在于:Lightscape 的图像生成方式为真实的光影跟踪三维模块,层层计算光线照度,经反射、折射、出血等,直到光线全部衰竭、消失而产生图像的计量算法,甚至在渲染的时候都可以看到光线一点一点地按照光线所传输到的位置亮起来,直到整个场景越来越细化。Lightscape 的光能传递技术可精确模拟环境中光源漫反射的光学性质,可得到精细和多样的光照效果,如直接和间接漫反射光照、柔和阴影、表面间的颜色融合等,使最终图像更加真实自然,这些是其他渲染软件所不具备的。而 3ds max 则只是用虚拟计算模块一次成形产生,它只把光计算到第一层,而且计算方法僵硬,因此生成的图像比较死板、僵硬,不如 Lightscape 生成的图像柔和、真实。而且 Lightscape 光能传递的结果不仅是一幅图像,而是环境中光能分布的全三维的显示。因为光能已预先计算完毕,生成某一角度的精确图像比传统图像计算技术快得多。

8.1.1　如何导出 LP 文件

在 3ds max 中建模、贴图完成后,需要把 3D 模型导到 Lightscape 中进行处理,普通的 MAX 格式在 Lightscape 中是无法打开的,因此就需要将模型导出为 LP 格式的预备文件。

【特别提示】

LP 文件无法用"另存为"来保存，只能用"导出"才能够使模型转为 LP 格式的文件。

输出 LP 预备文件对 3ds max 模型的要求如下。

(1) 避免模型各表面之间相互重叠，并且不能使用双面材质。

(2) 对使用了纹理材质的模型指定贴图坐标。

(3) 模型表面的多边形数量应最小化。可以使用"最优化"和"光滑组"减少模型表面的数量。

(4) 由于 Lightscape 中，在当前观察角度不可见的表面不能进行光能传递计算，所以在输出前应先检查模型表面的法线方向。

(5) 如果计划在室内场景中进行天光照明，应确保可以射入光线的空间存在单独的模型。例如，光线由窗户进入室内，窗户的表面必须有单独的表面，而不是连续的表面。

(6) 因为 Lightscape 是基于灯光的物体属性进行光能传递计算的，所有场景的尺寸直接影响着最终渲染效果，因此，在输出场景前，应检查场景的单位设置是否正确。

在菜单栏中选择"文件"|"导出"命令，然后在弹出的对话框中，设置文件名，并单击"保存类型"右面的▼按钮，在弹出的下拉列表中选择"Lightscape 准备(*.LP)"，单击"保存"按钮，会出现"导入 Lightscape 准备文件"对话框，如图 8.4 所示。

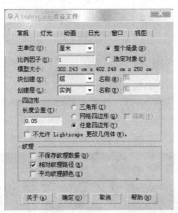

图 8.4 "导入 Lightscape 准备文件"对话框

选择"视图"选项卡，在"视图"框里有做模型时所打的摄影机，默认名称为"Camera01"，单击"Camera01"，在"保存到文件"框中出现默认盘和 Camera01 的名称，摄影机视图即被保存到默认盘中，如图 8.5 所示。

单击"确定"按钮，模型即被输出为 LP 格式了。

在 Lightscape 中打开模型后，若所显示视图不是摄像机所打的视角，则可以从菜单栏中选择"查看"|"打开"命令，打开刚才所存的"Camera01"，此为摄像机视角，模型即转换为在 3ds max 中所设置的视角了。

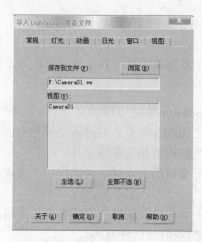

图 8.5 "导入 Lightscape 准备文件"对话框的"视图"选项卡

【特别提示】

LP 格式的模型无法在 3ds max 中编辑,因此用户在导出 LP 格式后,应将模型再存储为 MAX 格式,以便以后更改。

8.1.2 认识界面

Lightscape 的界面具有直观方便的特点,其用户界面与其他三维设计软件(如 3ds max)的界面很相似。下面以 Lightscape 3.2 SP1 为例简要介绍 Lightscape 的工作界面。

主界面划分为:标题栏、菜单栏、工具栏、浮动命令面板、状态栏和视图区。如图 8.6 所示 Lightscape 3.2 SP1 的主界面。

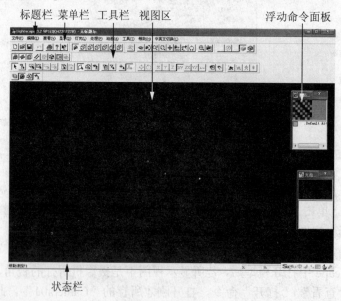

图 8.6 Lightscape 3.2 SP1 的主界面

1. Lightscape 3.2 SP1 的菜单栏

Lightscape 3.2 SP1 的菜单栏位于主界面的最上方，包括"文件"、"编辑"、"查看"、"显示"、"灯光"、"处理"、"动画"、"工具"、"帮助"、"中英文切换"共 10 个下拉菜单，如图 8.7 所示。

图 8.7　Lightscape 3.2 SP1 的菜单栏

2. Lightscape 3.2 SP1 的工具栏

Lightscape 3.2 SP1 的工具栏位于菜单栏的下面，是重要的功能部分，如图 8.8 所示。

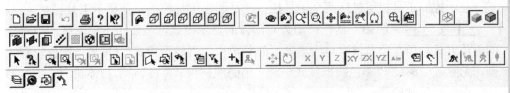

图 8.8　Lightscape 3.2 SP1 的工具栏

1) 标准工具栏

标准工具栏和绝大多数 Windows 程序中的工具栏相似，包括常见的新建、打开、保存、撤销、打印、帮助等命令。需要注意的是，在 Lightscape 3.2 SP1 的工作环境中，撤销命令只有在删除模型图块时才起作用，对于其他的操作步骤不起作用。

：由左至右依次对应"文件"菜单中的"新建"、"打开"和"保存"。

取消删除：用于撤销已做过的操作。

打印：用于打印已渲染完成的图像。

：由左至右分别为"帮助索引"及"帮助"。

2) 观察模型工具栏

用于观察模型的工具栏有两个：一是投影工具栏；二是视图控制工具栏，这两个工具栏都用于控制视图。

投影工具栏：分别为不同的视图类型，主要用于转换视图，对应"查看"菜单中的"投影方式"中的各分菜单。其中最左边的相机为"透视图"，其他方块均以蓝色面来显示所代表的视图类型，由左至右依次为："顶视图"、"底视图"、"左视图"、"右视图"、"前视图"、"后视图"。

视图控制工具栏：均为对视图的基本控制操作，其功能与 3ds max 中的视图控制区一样。由左至右依次为："还原窗口缩放"(此工具只有在进行窗口缩放后才能够使用)、"环绕"、"旋转"、"缩放"、"窗口缩放"、"平移"、"推拉"、"推拉"(另一方向)、"倾斜"、"最大化"、"视图设置"。其中，单击"视图设置"按钮，可以打开"视图设置"对话框，如图 8.9 所示。

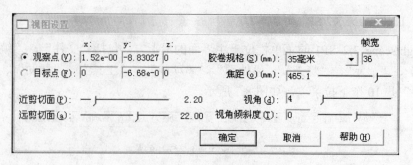

图 8.9 "视图设置"对话框

3) 显示控制工具栏

显示控制工具栏也包括两个工具栏：一是阴影工具栏；二是显示工具栏。

阴影工具栏：均为对图像的显示模式，主要用于控制视图中对象的着色方式。由左至右依次对应"显示"菜单中的"线框模式"(只显示物体轮廓线框，无隐藏轮廓)、"彩色线框模式"、"消隐线框模式"(只显示物体轮廓线框，物体背面轮廓线被隐藏)、"实体模式"(只显示由面组合的立体效果，无线框)和"轮廓线模式"(线框轮廓和面均显示的物体立体效果)。

显示工具栏：用于控制特殊的显示，由左至右依次对应"显示"菜单中的"双倍缓存"、"背面消隐"、"开启混合"、"开启反锯齿"、"开启环境光"、"纹理显示"、"增强显示"、"选择光影跟踪区域"，其中前 3 项在默认情况下是被选中状态。

4) 选择集工具栏

选择集工具栏：提供了选择实体的不同方式，用于对模型不同部位进行各种不同的选择操作。由左至右依次为：选择、查询、交叉区域选择、窗口区域选择、取消交叉选择、取消窗口选择、全部选择、取消选择、选择表面、选择图块、选择光源、过滤、使用选择过滤、积累选择、拾取当前图块。

5) 变换工具栏

变换工具栏主要用于对选中对象的移动、旋转等操作，同时还提供了轴向锁定功能。

移动：用于对模型已选择部位的移动。

旋转：用于对模型已选择部位的旋转。

约束轴工具栏：用于对模型进行某一个轴或某一个平面的约束，以使模型只能沿此被约束的轴或平面进行操作。由左至右依次为：约束 X 轴、约束 Y 轴、约束 Z 轴、约束 XY 平面、约束 ZX 平面、约束 YZ 平面、约束目标轴、编辑拖动增量、开关拖动增量。

6) 光能处理工具栏

光能处理工具栏：提供了一些用于控制光能传递的相关按钮，从左至右依次是初始化、重置、开始、停止。

7) 表工具栏

表工具栏：主要用于打开和关闭各种浮动命令面板，从左至右依次为：图层面板、材质面板、图块面板、光源面板。

3. Lightscape 3.2 SP1 的四大浮动命令面板

在 Lightscape 3.2 SP1 中，视图区右侧的 4 个小窗口分别是"图层"面板、"材质"面板、"图块"面板和"光源"面板。用户可以根据需要任意调整其位置，或改变其大小，并且可以通过表工具栏中的按钮打开，或关闭各浮动面板。

图层、材质、图块和光源 4 大面板主要用于组织和控制模型的相关数据，在每个面板中单击鼠标右键或双击鼠标，都会弹出相应的快捷菜单，通过快捷菜单中的命令可以对面板的数据进行编辑。

1) "图层"面板

"图层"面板如图 8.10 所示。在 Lightscape 3.2 SP1 中，每一个实体都与图层有关，在图层列表中列出了这些图层的名称，并且在图层名称的左边都有一个红钩表示当前图层是被打开的，同时与此相关的实体在视图区也是被显示的。双击图层名称可以打开或关闭该图层。

2) "材质"面板

"材质"面板如图 8.11 所示。在"材质"面板中显示了当前模型中所有可用的材质(注意：在模型中有可能导入一些无用的材质，如合并线架时引入的一些材质)。单击某一材质的名称，则"材质"面板上部的预览框中将显示材质的效果。双击材质的名称，可以弹出"材质属性编辑：玻璃"对话框，如图 8.12 所示。

图 8.10 "图层"面板

图 8.11 "材质"面板

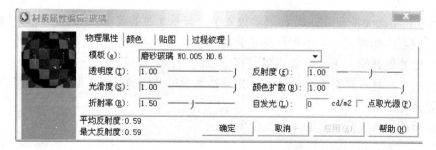
图 8.12 "材质属性编辑：玻璃"对话框

3) "图块"面板

"图块"面板如图 8.13 所示。在"图块"面板中显示了当前模型中所有可用的图块名称。单击相应图块的名称,将在预览窗口中显示该图块,其显示模式与视图区的显示模式一致。在预览窗口中单击鼠标右键,通过快捷菜单中的命令可以直接控制图块的形态。在"图块"面板中双击某一图块,可以在视图区单独显示或编辑该图块。

4) "光源"面板

"光源"面板如图 8.14 所示。在 Lightscape 3.2 SP1 中,"光源"面板列出了模型中所使用到的光源名称。光源是 Lightscape 中一种用于表示灯具的图块。单击光源的名称可在预览框中显示光源。在光源面板中的某一光源上双击鼠标,可以编辑该光源的基本属性。

图 8.13 "图块"面板

图 8.14 "光源"面板

8.2 Lightscape 光线

8.2.1 光能传递原理

1. 光学特性

Lightscape 是基于物理原理对环境中的光照进行模拟,最终结果不仅是高度真实地渲染图像,同时可精确测量场景中的光能分布,所以有必要了解一下进行测量的数据。

在 Lightscape 中使用这些物理学数量单位表示光源的亮度,而这些数值可以从各种灯具制造商那得到。关于如何描述光源的特性有很多理论。这里认为光源就是一个能辐射能量并给人类观察者提供可视感觉的物体。当设计一个光照系统时,人们感兴趣的可能是最终看上去的效果。光学特性通过考虑光源对人脑/眼睛神经的刺激来计算光能。

光照模拟系统使用下面 4 个光学单位。

1) 光通量(Luminous Flux)

光通量是单位时间内到达、离开或穿过表面的光能数量。光通量的单位是

Lumen(lm)，这个单位在国际系统单位和美国系统单位中都使用。可以认为光是颗粒(光子)在空间的运动，达到一表面的一束光的光通量和在一秒钟间隔内撞击表面的粒子数成正比。

2) 照明度(Llluminance)

照明度是一个表面单位面积内的光通量。这个值很有用，不用考虑表面的大小就可描述在一个表面上的照明情况。国际系统单位使用的是 Lux(lx)，等于 lm/平方米。美国系统单位是 footcandle(fc)，等于 lm/平方英尺。

3) 光照度(Lux)

光照度是一个表面在某一方向上反射的光能(照射到一个表面上的光能有部分被反射到环境中去)。这个数量转换为颜色显示并生成场景的真实渲染图像。光照度是用 Candelas/平方米或 Candelas/平方英尺测量的。Candelas 最开始被定义为一根蜡烛发散的光照强度。

4) 光照强度(Luminous Intensity)

光照强度是一个点光源在单位时间内在某一方向上发散的光能。光照强度的单位是 Candelas。光照强度用于描述光源在一个方向上的发散，同时可用于描述光源在不同方向上光照强度的变化。

2. 光能传递较光影跟踪的区别

虽然光影跟踪和光能传递计算方式差别很大，但它们在有些方面是互补的，因为每种技术都自己的优势和劣势。

光影跟踪的优势如下。
(1) 精确渲染直接光照、阴影、镜面反射和透明效果。
(2) 需要内存较少。

光影跟踪的劣势如下。
(1) 计算费时；光源的数量会对生成图像所需的时间产生极大的影响。
(2) 依赖于视图，对每个不同的视图必须重复处理。
(3) 未考虑漫反射。

光能传递的优势如下。
(1) 计算表面之间的漫反射。
(2) 独立于视图，可快速显示任意视图。
(3) 很快就可得到可视的结果，图像的精度和质量是逐步细化的。

光能传递的劣势如下。
(1) 3D 网格比初始的网格需要更多的内存。
(2) 表面取样的算法比光影跟踪容易在图像上产生人工痕迹。
(3) 没有计算镜面反射或透明效果。

光能传递和光影跟踪都不能提供全局光照效果的完全模拟。光能传递长于渲染面与面之间的漫反射，而光影跟踪长于渲染镜面反射。

通过对两种技术的融合，Lightscape 可提供两者的优点。在 Lightscape 中，可在对光能传递解决文件的某个视图融合光影跟踪进行后期处理，加入镜面反射和透明效果。在这个阶段，光能传递解决结果会用精确的间接光照替代许多程序中的不精确的泛光源。这样就可以得到更真实的图像。另外，因为对直接光照可以在光能传递过程中计算，因此光影跟踪不用跟踪阴影光线，只用计算反射和透射光线，这样大大减少了光影跟踪一幅图像所需的时间。

8.2.2 Lightscape 灯光设置

在 Lightscape 里设置灯光，首先需要在 3ds max 里放上灯。以一个中间有隔断的室内房型为例，在 3ds max 中，分别在隔断两边的两个空间正中各放一盏泛光灯，其中一盏灯是用"实例"的模式复制另一盏而得成的，这样导入 Lightscape 后，"光源"面板只显示一种灯，当更改参数时，两盏灯会同时发生变化。导出存为 Lightscape 准备文件，在 Lightscape 中打开。

单击"轮廓线模式" 按钮查看模型，可以同时看到模型的面和边线，但是光源是不显示的。如果要选择灯，需要单击 按钮(对光源的选择工具)，需要注意：此按钮必须在 按钮(选择工具)被按下的情况之下才可以单击。用 工具在泛光灯附近单击，即可选择上，泛光灯光源呈网状红色球体显示，如图 8.15 所示。

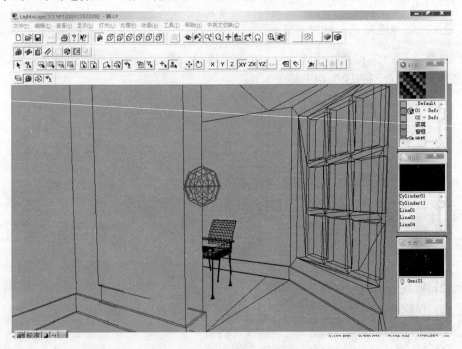

图 8.15 选择泛光灯

单击 按钮打开"光源"面板，可以看到，因为第二盏灯是用"实例"模式复制的，因此"光源"面板中只显示为一种光源。用右键单击光源名称，在出现的参数菜单中选择"查询关联"命令，可以选择所有相关联的光源。双击"光源"面板中光源的名称，弹出光源属性编辑对话框，同时视图区所显示的变为所选光源的样式，如图 8.16 所示。

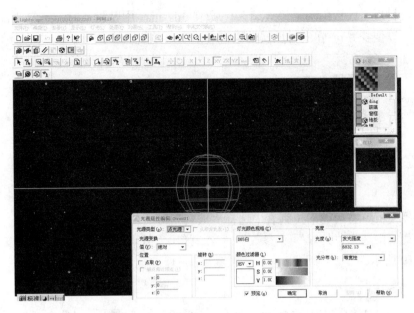

图 8.16 "光源属性编辑"对话框

在"光源类型"在中有 3 种光源类型：点光源、线光源和面光源。

(1) 点光源。点光源是从一个点开始分布光能的光源，白炽灯是这种光源的典型实例。点光源的光强分布由一个球面的三维图标表示。

(2) 线光源。线光源从一条直线上开始分布光能的数量，日光灯是线光源的典型实例。可通过单击光源的一个表面来指定线光源的光强分布。

(3) 面光源。面光源是从一个三角形或凸四边形表面上开始分布光能的光源。一个典型的区域光源是从整个表面上均匀发射光线的格栅灯。通过单击选取一个表面来定义发光面。

在"灯光颜色规格"下面列表中有可以模拟各种不同类型灯光效果的光源类型。下面的"颜色过滤器"可以更改灯光颜色。在"光度"下面可以更改光源的 cd 值，不同种类的光源类型要求的 cd 值是不一样的。在"光分布"中有等宽性、点射和光域网 3 种不同的光分布类型，所要求的光度也不同。

下面对模型进行灯光设置。首先单击 按钮(对表面的选择工具)，按住 Ctrl 键，同时选择窗户的所有玻璃面，单击右键，在出现的参数菜单中选择"表面处理"命令，弹出"表面处理"对话框，如图 8.17 所示。选中"窗口"复选框。

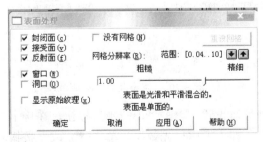

图 8.17 "表面处理"对话框

在"材质"面板中双击"玻璃"材质(在 3ds max 中贴材质时,一定要将材质命好名称,以便找寻),弹出材质属性编辑对话框,如图 8.18 所示。

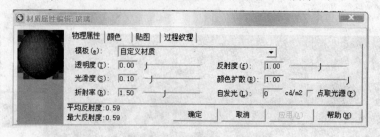

图 8.18 材质属性编辑对话框

在"模板"右边的下拉列表中选择"玻璃"材质,单击"确定"按钮。

在菜单中选择"处理"|"参数"命令,弹出"处理参数"对话框,或按 F9 键,如图 8.19 所示。

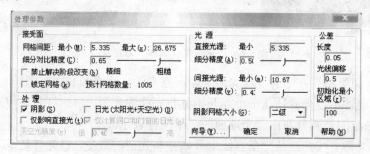

图 8.19 "处理参数"对话框

单击"向导"按钮,弹出"渲染品质"对话框,如图 8.20 所示。其中"选择解决阶段所需的质级量"分为 5 个等级,由 1～5 渲染质量依次递增,但在渲染质量增加的同时,渲染时间也会相应增加,一般普通模型选择 3 或 4 就足够了。本例选择 3。

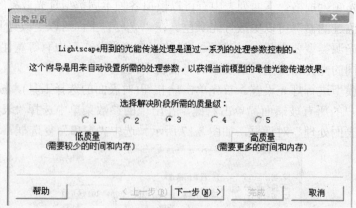

图 8.20 "渲染品质"对话框

下面对模材型进行质设置。单击"下一步"按钮,在接下来出现的"日光"对话框中,选择"不",即不考虑日光效果。单击"完成"按钮,再在"处理参数"对话框中单击"确定"按钮。

在"光源"面板中双击光源名称,弹出光源属性编辑对话框"光分布"选择"等宽性"选项,光度 cd 值改为 1500,单击"确定"按钮。

单击 按钮将贴图显示出来,即可开始预渲染。关于预渲染,将在 8.5 节详细叙述。

8.2.3 Lightscape 日光效果渲染

在 Lightscape 中打开已建好的模型,显示模式为 ,如图 8.21 所示。

图 8.21 在 Lightscape 中打开的模型

用 (顶视图模式)看房型图,可以看到,即将成为光源位置的窗户位于房型的右上角,如图 8.22 所示。

然后开始对日光进行设置。首先,在菜单中选择"灯光"|"日光"命令,或按 F8 键,弹出"日光设置"对话框,如图 8.23 所示。

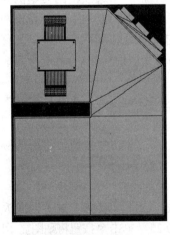

图 8.22 顶视图模式下的房型图

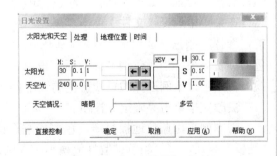

图 8.23 "日光设置"对话框

选中"直接控制"复选框,会发现该对话框发生了变化,由原来的"太阳光和天空"、"处理"、"地理位置"、"时间"4个选项卡,变为了"太阳光和天空"、"处理"、"直接控制"3个选项卡。单击"直接控制"选项卡,因为顶视图看到窗户位于右上角,因此在"直接控制"选项卡中,调节"俯视"图中橘红色的控制杆至右上角位置周围,以使日光直接照射。而"仰视"图控制的是日光照射时间,当控制杆调到最高处,即为日中天时,本例将控制杆调至适中位置。太阳光的强度可根据房型不同调节不同的强度,本例调至 20000~30000 lx 左右即可,如图 8.24 所示。

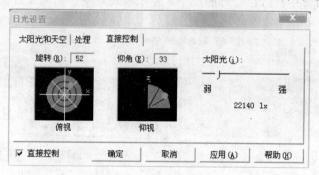

图 8.24 "日光设置"对话框"直接控制"选项卡

编辑完成单击"确定"按钮

用 (对表面的选择工具),按住 Ctrl 键,同时选择窗户的所有玻璃面,单击右键,在出现的菜单中选择"表面处理"命令,弹出"表面处理"对话框,选中"窗口"复选框。

双击"材质"面板中的"玻璃"材质,弹出材质属性编辑对话框,在"模板"右边的下拉列表中选择"玻璃"材质,单击"确定"按钮。

在菜单中选择"处理"|"参数"命令,弹出"处理参数"对话框,或按 F9 键。单击"向导"按钮,弹出"渲染品质"对话框。本例在"选择解决阶段所需的质量"的 5 个等级中选 3。单击"下一步"按钮,在接下来出现的"日光"对话框中,选择"是",即考虑日光效果,此时在对话框中又出现 3 个选项,因为本例为室内房型,因此选第一个:"室内模型,有日光从门窗或洞口照进室内"。(另外两种选项:"室外建筑或物体",是对室外建筑或物体的日光照射效果,"模型既有室内又有室外",一般是对长廊、凉亭等半室内建筑的日光照射效果。)单击"完成"按钮,再在"处理参数"对话框中单击"确定"按钮。

在菜单中选择"文件"单击"属性"命令,或按 F3 键,弹出"文件属性"对话框,选择"颜色"选项卡,在右侧调整颜色,中间的方形预览框就会出现所调节颜色的预览效果。当颜色调节满意后,再单击"背景"右侧的 按钮,将所选颜色置换为背景色,本例选择的是淡蓝色的天空色,如图 8.25 所示。

更改完毕单击"确定"按钮。

因本例采用蓝色地板材质,色彩影响会比较大,因此可双击"材质"面板中的"地板"材质,将"颜色扩散"值调小,本例调为 0.25。单击 按钮将贴图显示出来,即可开始预渲染。

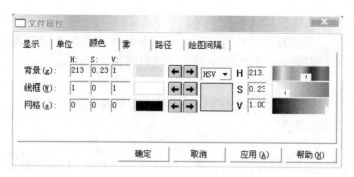

图 8.25 "文件属性"对话框"颜色"选项卡

8.3 Lightscape 材质编辑

在 Lightscape 中，对材质的编辑主要是通过"材质"面板来实现的。单击 🌑 按钮打开"材质"面板，双击准备编辑的材质名称，弹出材质属性编辑对话框。

1. "物理属性"选项卡

创建一种材料，需要设定一些控制物体表面外观的材料物理性质。在 Lightscape 中，既可以直接设定这些参数，也可以根据材料类型先选择一种通用模板，再进行具体参数的调整。在"物理属性"选项卡中，有系统定制的模拟各种材质属性的模板，包括玻璃、油漆、塑料、水、光滑的木头和金属，可以为不同质量的物体选择不同的材质模板。不同的材质模板对下面的"透明度"、"光滑度"、"折射率"、"反射度"、"颜色扩散"等数值的要求不同，每一种材质模板都会以红绿两种颜色来显示这些数值的适宜度。在控制杆中，红色代表该数值设置对于该材质不适合，渲染效果较差，而绿色部分代表该数值设置适宜该材质，能够达到较好的效果，如图 8.26 所示。

图 8.26 "材质属性编辑：玻璃"对话框"物理属性"选项卡

1) 透明度

透明度决定穿过表面以及从表面反射的光线的多少。金属无法设置此参数，所有金属都是不透明的，所以其透明度为 0。

材料的透明程度是和其颜色相关的。如透过一块彩色玻璃窗的光线既取决于其透明度的大小，也取决于它的颜色。对于无色玻璃也一样，因为玻璃总是会含有一些杂质，杂质会在光线穿过玻璃时吸收一部分光线。

通常情况下，玻璃的透光率是 85%，也就是说有 85%的光可以通过玻璃。在这种情况下，应该将玻璃的反射度设为 85%，透明度设为 100%。

2) 反射度

反射度用于设置反射光线的强度。过高的反射值会导致不佳的效果，一般来说，反射值系数不会超过 85%。

3) 光滑度

材料的光滑度控制反射的倒影和透过材料看到的影像。Lightscape 3.2 SP1 仅在光影跟踪时使用材料的光滑度。

光滑度特点如下。

(1) 随着光滑度的增加，反射的倒影和透过材料看到的影像会越来越清楚，不同的材料会有相应的光滑度。

(2) 在 Lightscape 3.2 SP1 中，光滑度是指与光线相关意义上的光滑度。许多表面看上去很光滑的(如一张纸)，但放大的后仔细看则不光滑了。相反，许多表面看上去粗糙(如橘子皮)，但它上面凹凸的细部却是光滑的。

4) 颜色扩散

颜色扩散就是所谓的"环境色"，即此材质颜色对周围环境的影响。在真实场景中，面与面之间反射时，存在着颜色融合。例如，地板为蓝色，墙面为白色，经过光能传递后，墙面上会受地板颜色的影响，出现一部分蓝色，这是因为在进行间接光照计算时，地板上有一部分颜色会映射到墙面上。

5) 折射率

折射率决定着材料看上去的光亮程度，只有在对非金属进行光影跟踪时，Lightscape 3.2 SP1 才会用到折射率。折射率越大，材料越光亮，大多数材料的折射率在 1.0～1.5。

6) 自发光

使模型表面发光，在 Lightscape 3.2 中是不可能实现的。在模拟处理过程中，所有的光线均由光源设备发出，使几何体表面显得明亮的方法是使用自发光材料。更改材质"自发光"值，可使材质本身表面发光变亮。可以直接设置材质的自发光强度，或在环境中拾取一个光源，自动计算强度数值。发光面的颜色由材料的颜色决定。自发光表面不会影响模型中的光照，主要是为了在渲染图像时表现灯具的效果，或是材质过暗时增加材质的亮度。

2. "颜色"选项卡

"颜色"选项卡如图 8.27 所示。"颜色"选项卡主要用于更改材质的颜色属性，可通过拾色器来更改材质颜色属性。对于在 3ds max 中已经设置贴图的材质，可以用"纹理平均"按钮把材料颜色设为纹理图像像素点的平均颜色，这样在处理时可将纹理关掉，从而可以减少计算时间和占用内存。

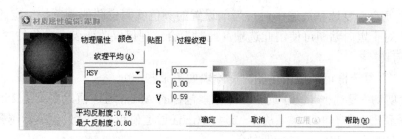

图 8.27 "材质属性编辑：玻璃"对话框"颜色"选项卡

3. "贴图"选项卡

"贴图"选项卡如图 8.28 所示，单击"文件名"右侧的"浏览"按钮，可选择或更改模型的纹理贴图，同时，可以更改下面的各种数值对贴图进行设置。对于纹理贴图，Lightscape 3.2 SP1 支持以下几种格式的图像文件：BMP、JPEG、TIFF、GIF、TGA。这些图像可以是任意分辨率的，然而，高分辨率的图像在渲染处理时需要更多的内存，而且如果使用高分辨率纹理的物体表面很小时，最终图像并不会有更好的品质。

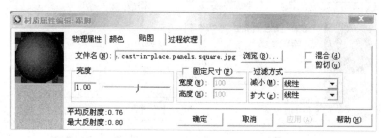

图 8.28 "材质属性编辑：玻璃"对话框"贴图"选项卡

1) 亮度

这个选项用于改变纹理的亮度值。当纹理在渲染时显得太亮或太暗时，可调整此选项。

2) 固定尺寸

"固定尺寸"选项用来定义纹理的物体尺寸大小。"宽度"和"高度"分别代表它们的重复次数。

3) 过滤方式

"过滤方式"有两种不同的类型，"减小"和"扩大"。当贴图纹理的一个像素覆盖屏幕上多个像素时，使用"放大"；而当贴图纹理的多个像素覆盖图像上一个像素时将使用"减小"。

这些过滤选项的主要作用是使纹理模糊，增加图像的模糊感。

4) 混合

贴图可以以两种方式影响表面的颜色：一种方式是用贴图纹理的颜色替换原有的颜色；另一种方式是将颜色与原有的颜色进行比例中和。

当"混合"复选框未选中时，位图的颜色完全替代了材料原有的颜色。这种设置比较常用，这样表面的反射就同纹理一致了。

当"混合"复选框被选中时,当前设置的颜色就同位图的颜色按一定的比例混合起来。对于黑白贴图可使用此选项,此时混合纹理仅仅改变表面颜色的深浅。

5) 剪切

"剪切"复选框可在使用位图时剪除表面上某些部分。

当"剪切"复选框未选中时,位图像素包含的 Alpha 通道值只要不是 255(白色),就可以看到表面原有的颜色。从 1~254,Alpha 通道值越小,背景色显示越多,当值为 0 时,即黑色,将完全显示背景色。

当"剪切"复选框被选中时,位图中的 Alpha 通道值不为 255 的像素,可以让相应表面区域全部透明或半透明。

4. "过程纹理"选项卡

过程纹理与位图纹理不同,它用于给材质表面增加一些变化来增加表面的真实感。过程纹理不需要进行纹理调整。

过程纹理包含两种:"凹凸映射"和"强度映射",如图 8.29 所示,可选中其进行调整。

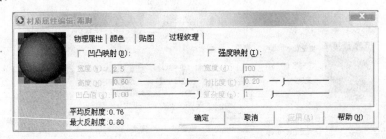

图 8.29 "材质属性编辑:踢脚"对话框"过程纹理"选项卡

1) 凹凸映射

凹凸映射可以在贴图表面上生成凹凸不平的效果,凹凸的宽度为实际单位的宽度值,高度为宽度的百分比。将凹凸数量值设置为任何低于 1.0 的数值时,将开始平整凹凸的凸出量。如果希望在平滑的表面上产生凹下的外观效果,可以将高度值设置为负值,反转凹凸的方向。

2) 强度映射

强度映射可以使得表面表现出陈旧或者轻微波动的效果。宽度值和数量用于控制变化的频率和振幅。

8.4 Lightscape 网格设置

在 Lightscape 中,复杂的模型、大量的多边形、大量的网格、交互显示的刷新都会耗用大量的工作时间和内存。为了模拟模型的光照,Lightscape 将计算在模型中每个表面间的反射,因此可以通过对网格的设置类节省内存或精细图像。

一般情况下,在 Lightscape 中,越接近光源的地方,网格划分越细、越密集。

当准备对一个单独面进行网格调节时，用鼠标左键单击选中该面，再单击鼠标右键，选择"表面处理"命令，调节"网格分辨率"下面的控制杆，向左为粗糙，即网格划分数量少，向右为精细，即网格划分数量多。网格越粗糙，渲染速度越快，相应的渲染质量就越差；网格越精细，渲染速度越慢，渲染质量越好。

另一种方法是在菜单中选择"处理"|"参数"命令，弹出"处理参数"对话框，在其中的"细分对比精度"右侧控制杆可调节网格粗细，不同的是，控制杆向左为精细，向右为粗糙。

如果要对所有的面进行网格划分调整，则可单击"全部选择"按钮 选择模型所有面，再进行调节网格粗细的操作。

8.5 Lightscape 渲染输出

Lightscape 3.2 SP1 在渲染输出之前，首先要定义好模型中所有光源的光学特性。在正式渲染输出之前，要先进行预渲染，预渲染主要是靠工具栏中的"初始化"、"重置"、"开始"、"停止" 4 个按钮来完成的。

本书在"8.2.3 Lightscape 日光效果渲染"中，曾经简单设置过一个房型的日光效果，现在以该设置为例，再次进行渲染。

首先要对模型进行初始化，模型被简化为一组能够优化光能传递处理过程的表面，一旦被初始化，用户就不能够再处理几何模型。

初始化之后，就可以单击 按钮，开始预渲染，预渲染通过进行光能传递解决。Lightscape 计算模型中漫射光能的分布，它将包括直接和间接的漫射光能。用户可以随时单击 按钮中断光能传递的处理过程，来改变或优化模型的外观。不能改变几何模型，但可改变材料特性和光源的光特性。做了一些改变后，仍可以从中断处继续处理，或单击 按钮重新开始处理光能传递的效果。在状态栏会显示光能传递的进度。

预渲染完成后，就可以进行正式的渲染输出了。选择"文件"|"渲染"命令，弹出"渲染"对话框，如图 8.30 所示。

图 8.30 "渲染"对话框

单击"名称"右侧的"浏览"按钮，为文件命名并选择存储位置。设置格式、分辨率、宽度等，将"反锯齿"级别改大，一般普通模型三级就够了，级别越高越精细，但渲染速度越慢。

选中"光影跟踪"、"光影跟踪直接光照"、"柔和太阳光阴影"复选框，更改完毕，单击"确定"按钮。得到效果如图 8.31 所示。

图 8.31　渲染输出最终效果

渲染完毕后，可在 Photoshop 中对图像进行完善修改。

8.6　Lightscape 影漏问题

在 Lightscape 中渲染模型，有时会出现阴影的泄漏问题，一般称为"影漏"。影漏就是一个对象因边界和顶点没有与相接触的表面边界和顶点相对齐，在光的作用下，在对象或墙体底部有时会出现不正常的黑色区域，就像对象的阴影漏到周围表面上。合理的建模能有效抑制影漏，能避免很多麻烦。如图 8.32 所示画圈的部分出现了影漏问题，墙与屋顶本应连为一体，但它们中间仿佛出现了一条缝，有阴影向外渗透。

图 8.32　影漏

对于影漏问题有以下 5 种解决方法。

(1) 避免出现重叠表面。在 3ds max 中建模时要尽量避免表面重叠和交叉。

(2) 增加网格元素。减少网格间隔的最小值。通过增加网格数量(精度)，使边界处阴影恢复正常。

(3) 光影跟踪直接光照。在渲染时使用光影跟踪直接光照，也可以缓解该问题。

(4) 将表面设置为不封闭面。将形成阴影的表面设置为不封闭面，不让这些表面产生阴影。

(5) 在 Photoshop 中修改最终图像。渲染完成后，可在 Photoshop 中对最终渲染完的图形进行修改，抹掉影漏。

本 章 小 结

　　本章所介绍的 Lightscape 是一个非常优秀的光照渲染软件，它特有的光能传递计算方式和材质属性所产生的独特表现效果完全区别于其他渲染软件。一般渲染软件制作出来的效果图，透视精准可是光影生硬，很难塑造完美的建筑空间。

　　这是因为这些软件依然沿用了 20 世纪 90 年代初的光线反射折射技术，只计算直接光照却不考虑间接光照与漫反射。倘若拥有了 Lightscape，你就能使你的图面效果有本质的改观！光影跟踪技术(Raytrace)使 Lightscape 能跟踪每一条光线在所有表面的反射与折射，从而解决了间接光照问题；而光能传递技术(Radiosity) 把漫射表面反射出来的光能分布到每一个三维实体的各个面上，从而解决了漫反射问题。

　　全息渲染技术把光影跟踪和光能传递的结果叠加在一起，精确地表达出三维模型在真实环境中的实情实景，制作出光照真实阴影柔和效果细腻的渲染效果图。

习 　 题

1. 选择题

(1) 单位时间内到达、离开或穿过表面的光能数量是指(　　)。

　　A．光通量　　　　　　　B．照明度
　　C．光照度　　　　　　　D．光照强度

(2) 在预渲染中的"初始化"使用(　　)按钮。

　　A． 　　　　　　　　　B．
　　C． 　　　　　　　　　D．

2. 简答题

怎样解决渲染中出现的影漏问题？

3. 综合实训

对一个家居室内空间进行灯光与日光同时存在的渲染。

实训目标：掌握运用 Lightscape 进行各种渲染的能力。

实训要求：当日光不太强烈时，有时室内需要一定灯光，本例即要求进行此类渲染。要求渲染后室内光线不能过强或过暗，效果真实。

第9章 建筑室内效果图制作

教学目标

通过本章的学习,了解室内设计的基本原理,以及建模上的细节和工具的运用,熟练地掌握灯光设置、摄影机设置和后期处理,在制作上着重技巧和方法。

教学要求

能力目标	知识要点	权重	自测分数
理解室内设计的基本要点	造型、色彩风格的统一	40%	
掌握建模方法	几何体建模	20%	
掌握调整(模型、灯光、摄影机)的方法	灯光参数的调整、角度的选取	20%	
掌握后期处理的方法	变形功能、色调调整功能	20%	

> **章前导读**

本章学习制作效果图的一个流程，里面包括了建模、贴图、打灯光、摄影机以及后期处理，同时需要注意每个细节步骤上的调整和参数的设置等，最终效果如图 9.1 所示。现在建模方式很多，渲染方式方法也很多，后期处理方法也很多，你会选择哪种方法？它们各自又有什么区别和特点呢？

图 9.1 效果图

9.1 相关知识点

9.1.1 客厅设计的要点

1. 基本要点

(1) 客厅一般可划分为会客区、用餐区、学习区等。会客区应适当靠外一些，用餐区接近厨房，学习区只占居室的一个角落。

(2) 在满足起居室多功能需要的同时，应该注意整个起居室的协调统一性，以及各个功能区域的局部美化装饰，应注意服从整体的视觉美感。客厅的色彩设计应有一个基调，采用什么色彩作为基调会体现主人的品位。

(3) 一般的居室色调都采用较淡雅或偏冷些的色调。向南的居室有充足的日照，可采用偏冷的色调，朝北的居室可以用偏暖的色调。色调主要是通过地面、墙面、顶面来体现的，而装饰品、家具等只起调剂、补充的作用。

总之，要做到舒适方便、热情亲切、丰富充实，使人有温馨祥和的感受。

2. 照明设计

(1) 在家庭装修设计中，为客厅设计不同用途的多种照明方案，可以使室内光线层次感增强，让空间气氛变得温馨。

(2) 在日常生活中，整个房间需要均匀的照度，相反在聚会和舞会时整个照度则需要降低，应在局部空间采取必要的照度，形成明暗之别。因此在各个照明器具或不同组合的线路上要设置开关或调光器，采用落地灯、台灯和摇头聚光灯等可动式灯具来局部照明，与起居室使用形式相应，使之移动，能显示出变换气氛的设计。客厅要依照空间的属性不同，配置不同的灯，这样，平凡的空间便会因灯光的设置而与众不同。

(3) 客厅的灯光有两个功能，实用性的和装饰性的。为使家人在日常的生活中(如阅读报纸、看电视、玩电脑等)能有恰当的照明条件，必须在设计时就考虑各种可能性。嵌入地板或墙壁中的电线以及墙壁上的插座应该仔细布置，因为台灯和落地灯的位置(还有其他电器)虽然可以灵活移动，但是如果拉了很长的电线就会影响美观，同时也不安全。根据客厅的各种用途，需要安装以下几种灯光。

① 背景灯：为整个房间提供一定亮度，烘托气氛。

② 展示灯：为房间里的某个特殊部位提供照明，如一幅画、一件雕塑或者一组饰品。

③ 照明灯：为某项具体的任务提供照明，如阅读报纸、看电视、玩电脑等。目前室内照明基本上是用钨灯，不过还是有一些其他的选择。

④ 荧光灯：亮度高，可以放在灯盒内，作为泛光照明使用。无法调节亮度是它最大的缺点，限制了它的使用。

⑤ 低压卤化钨灯：价格贵，但是清晰明亮的高质量照明足以抵消这一缺点。它也是最接近日光照明的灯。现在已经有低压卤化物灯丝制成的台灯、顶灯、地灯和聚光灯，不过所有的低压灯都需要变压器。低压灯的另一个优点是灯泡发出的热量都被反光罩吸收，因此它的光线要比其他灯冷，更适合用作展示灯。

⑥ 钨丝灯：使用最广泛，但是使用寿命相对较短而且功耗大。现在可以买到各种大小和色彩的钨丝灯泡。淡的粉红色和黄色给人温暖的感觉；浅的绿色和蓝色则适合冷色调的房间。一定要根据墙壁和天花板来选择照明，如深色的墙面会吸收光线，就需要较强的灯光。在选购灯具时，应该注意灯罩与灯光是否相配，一味注意外形，只会适得其反。

3. 吧台设计原则

(1) 在室内设置吧台，必须将吧台看做是完整空间的一部分，而不单只是一件家具，好的设计能将吧台融入空间。吧台的位置并没有特定的规则可循，设计师通常会建议利用一些奇零空间，如果将吧台融入当作是空间的主体时，便要好好考虑动线走向。良好的设计具有引导性，无形中使居住往来更加舒适。

(2) 位置当然也会影响电路和给排水设计，尤其是离管道间或排水管较远的角落，排水就成了一大难题。排水管要有一定的倾斜角度。如果吧台位置离室外近，可以将排水管接到户外，以单独的管线排水；如果须将管线接到管道间而倾斜度又不足，必须从天花板或者墙内安管时，施工就比较麻烦，费用也会跟着提高。

(3) 如果想在吧台内使用耗电量高的电器，像电磁炉等，最好单独设计一个回路，以免电路跳闸。

(4) 利用角落而筑成的吧台,操作空间至少需要 90cm,而吧台高度有两种尺寸,单层吧台约 110cm 上下,双层吧台则为 80cm 与 105cm,其间差距至少要有 25cm,内层才能置放物品。

(5) 台面的深度必须视吧台的功能而定,只喝饮料与用餐所需的台面宽度不一样,如果台前预备有座位,台面得突出吧台本身,因此台面深度至少要达到 40~60cm,这种宽度的吧台下方也比较方便储物。

(6) 吧台应具有多少长度才方便使用呢?一般来说,最小的水槽需长为 60cm,操作台面 60cm,其他则按自己的需要度量即可。

(7) 设水槽的吧台在购买水槽时要注意,水槽最好是平底槽,放置杯子时才不会发生倾倒或撞坏,水槽深度最好有 20cm 以上,以免水花四溅,弄得到处湿淋淋。

(8) 酒柜的设计要注意使用上的便利,每一层的高度至少是 30~40cm,置放酒瓶的部分最好设计成斜放,让酒能淹过瓶塞,使酒能储放更久;柜子深度不要太深,如果拿个杯子要越过其他物件则不方便。

(9) 台面最好要使用耐磨材质,贴皮就不太适合,有水槽的吧台最好还能耐水;如果吧台使用电器,耐火的材质是最好的,像人造石、美耐板、石材等,都是理想的材料。

9.1.2 制作流程

当前制作效果图的最佳组合是 AutoCAD+3ds max+Lightscape+Photoshop,这已经成为大多数设计师制作效果图的首选。

AutoCAD 是大家都比较熟悉的,它最早被设计师广泛应用于设计行业,应用范围很广。设计师日常设计一般离不开它。它主要绘制工程图纸,如平面图、立体图等。虽然它也可以用来建立 3D 模型,但是没有 3ds max 来得方便直接,所以一般不用 CAD 建模。Auto CAD 2007 的操作界面如图 9.2 所示。

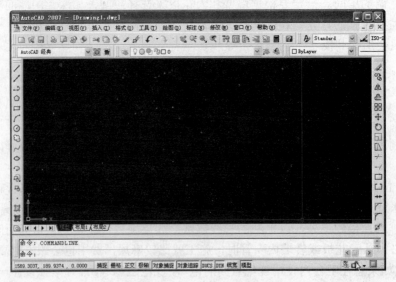

图 9.2　Auto CAD 2007 的操作界面

3ds max 9.0 是三维效果图制作者的首选软件,具有强大的建模和动画功能,它对硬件比起其他的软件要求低,而且应用性比其他的软件强,并且有很多插件可以用.而对于学室内设计的设计师,3ds max 的功能已经够用了,3ds max 9.0 的操作界面如图 9.3 所示。

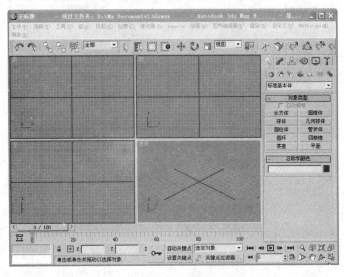

图 9.3　3ds max 9.0 的操作界面

　　Lightscape 是当今比较优秀的渲染软件,是同时拥有"光影跟踪"和"光能跟踪"两个技术和全息渲染技术的渲染软件。因此其产生的效果不但精确、真实而且美观。Lightscape 的操作界面如图 9.4 所示。

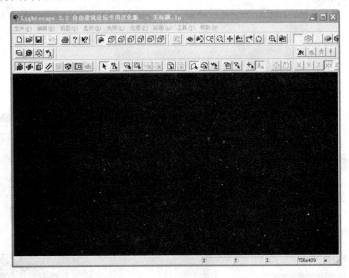

图 9.4　Lightscape 的操作界面

　　Photoshop 是当前流行的图像处理软件,它强大的处理功能能够满足用户的各种要求,使用它可以制作出很多 PS 图,还可以修补渲染图的缺陷,一般用于室内设计效果图的后期处理。Photoshop 的操作界面如图 9.5 所示。

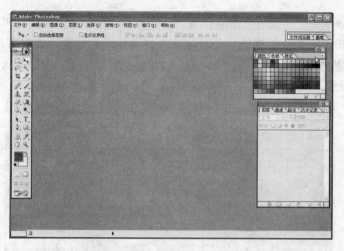

图 9.5 Photoshop 的操作界面

除了上面介绍的这些软件,还有许多其他优秀的设计软件,在熟练掌握这 4 个最常用软件的同时,还需要了解其他软件的优点来弥补这些软件的不足,如曲面建模软件 Rhino。在生物建模和动画角色建模上功能强大的 Lightwave,还有一些优秀的插件或脚本,如建模方面的布尔运算、三维空间倒角以及楼梯和门窗生成插件、树木种植插件等。另外,还有一些渲染器,如 mental ray、FinalRender、VRay、Brazil、Insight 等。多了解一些软件,就能对工作多一份帮助,当然对前面 4 个软件精通才是最重要的。

9.2 课堂综合实训

9.2.1 室内空间的创建

(1) 制作效果前要设置 3ds max 软件的单位为毫米,如图 9.6 和图 9.7 所示。

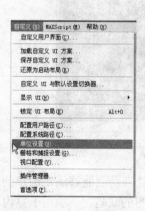

图 9.6 3ds max 中"单位设置"命令

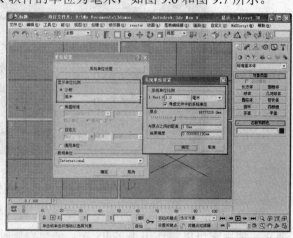

图 9.7 单位设置为毫米

(2) 把 CAD 文件导入进 3ds max，如图 9.8、图 9.9、图 9.10 所示。

图 9.8 "导入"命令　　　　　　　　图 9.9 选择文件

(3) 选择制作效果图面板，用图形命令及线绘制墙体，如图 9.11 所示。

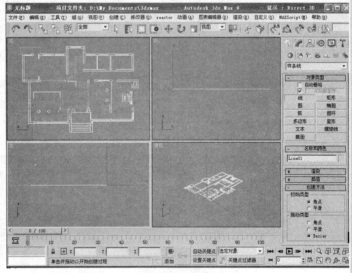

图 9.10 导入文件　　　　　　　　图 9.11 创建墙体

(4) 把绘制出的墙体挤出，如图 9.12 所示。

(5) 设置挤出高度为 3950mm，地面为-120mm，餐厅地面高度为 750mm，如图 9.13 所示。

(6) 顶棚从地面复制一个，向上移 3950mm，这样基本室内空间绘制完成，如图 9.14 所示。

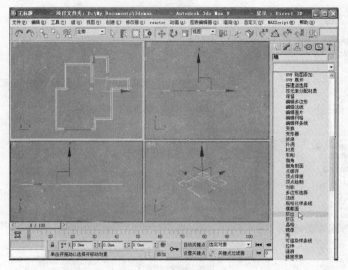

图 9.12 "挤出"命令

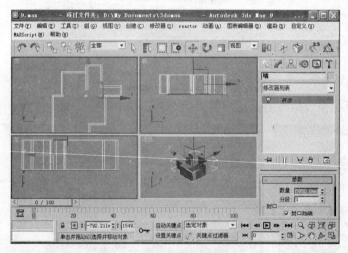

图 9.13 设置挤出参数

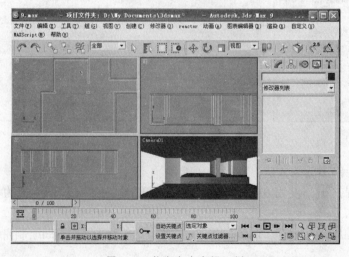

图 9.14 基本室内空间绘制

9.2.2 门和窗户的制作

（1）绘制门与平面图一样，从 CAD 把施工图输入到 3ds max 里，然后隐藏其他物体，把门施工图孤立出来 Alt+Q 键，如图 9.15 所示。

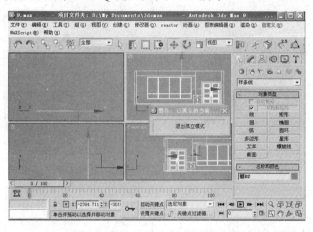

图 9.15　把门施工图孤立出来

（2）用矩形命令绘出单扇门框，然后单击鼠标右键，选择"转换为"|"转换为可编样条线"命令，如图 9.16 所示。

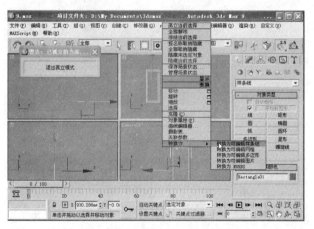

图 9.16　门框转换为可编样条线

（3）选择可编样条线，进入几何体附加命令，外线附加内线，在修改命令挤出即可绘制出门框，如图 9.17 所示。

（4）同样用矩形命令绘出门的基本模型，如图 9.18 所示。

（5）用同样的方法绘制出门的拉手，如图 9.19 所示。

（6）绘制好后，赋予木色材质即可，同样复制另外一扇门，则双开门绘制完成，如图 9.20 所示。

（7）用门一样的矩形命令绘出窗户框，如图 9.21 所示。

（8）窗框绘制完成后，赋予金属材质，同样赋给玻璃材质，如图 9.22 所示。

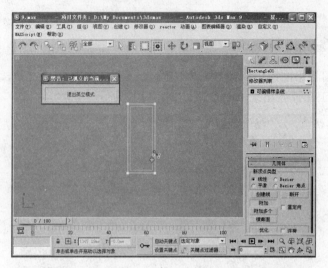

图 9.17 绘制门框

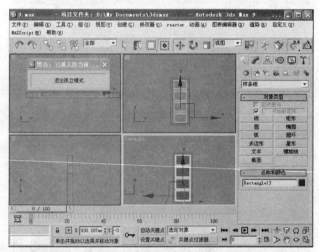

图 9.18 绘出门的基本模型

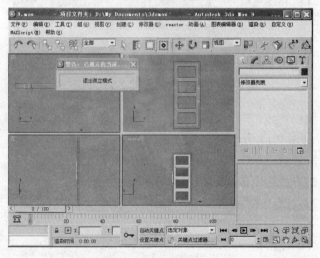

图 9.19 拉手制作

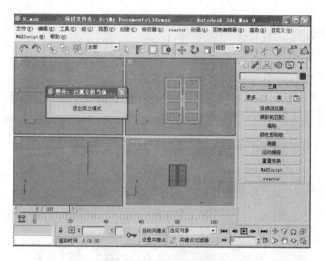

图 9.20 双开门绘制完成

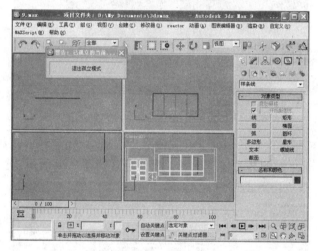

图 9.21 绘制窗户框

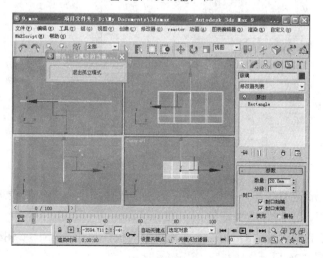

图 9.22 窗户绘制完成

9.2.3 墙面造型的制作

墙面造型分线形造型制作和材质贴造型制作。

(1) 首先把 CAD 文件造型施工图导入到 3ds max 里，平立面图对制好，将平面图和立体图放到相应的位置，如图 9.23 所示。

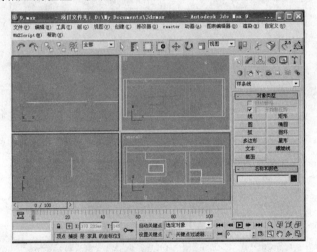

图 9.23 把造型 CAD 文件导入到 3ds max

(2) 绘制造型时，首先开启捕捉开关命令，选择 2.5、二维和三维的捕捉，然后选择顶点捕捉，将平面图和立体图放到相应的位置如图 9.24 所示。

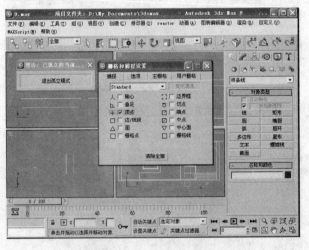

图 9.24 开启捕捉开关命令

(3) 利用线形造型制作，单击"线"按钮，选择图形命令中的线来绘制，捕捉造型上的每一个点，绘制好造型，如图 9.25 所示。

(4) 绘制好造型以后，打开"修改"命令面板，单击 按钮，选择"挤出"命令，如图 9.26 所示。

(5) 挤出造型的厚度为 120mm，如图 9.27 所示。

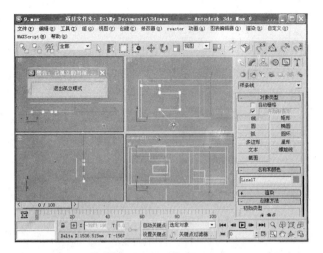

图 9.25　选择线形制作造型

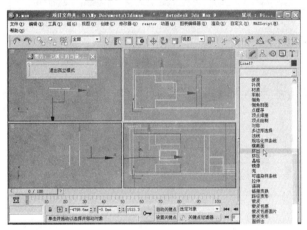

图 9.26　挤出造型

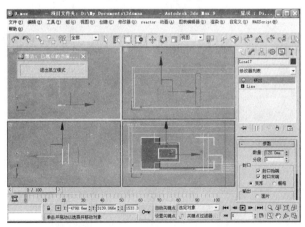

图 9.27　造型的厚度为 120mm

(6) 绘制好，选择造型移到所在的位置上去，如图 9.28 所示。

(7) 用线同样绘制出造型，选择"挤出"命令，移到相应的位置上去，如图 9.29 所示。

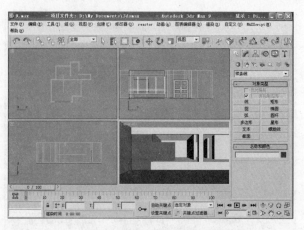

图 9.28 移到所在的位置

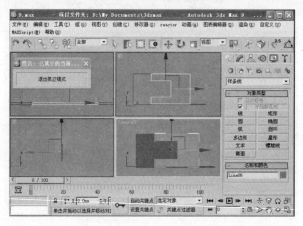

图 9.29 绘制出贴图造型

(8) 赋予造型玻璃砖贴图,打开"修改"命令面板附加给 UVW 贴图,选中"参数"卷展栏中的"长方体"单选按钮,长度为 300mm,宽度为 300mm,高度为 300mm,如图 9.30 所示。

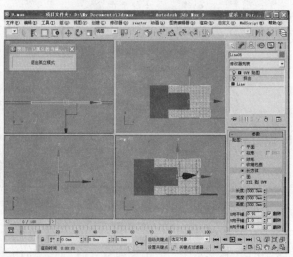

图 9.30 UVW 贴图

(9) 同样赋予另外造型石材贴图，打开"修改"命令面板附加给 UVW 贴图，选中"参数"卷展栏中的"长方体"单选按钮，长度为 1000mm，宽度为 1000m，高度为 150mm，如图 9.31 所示。

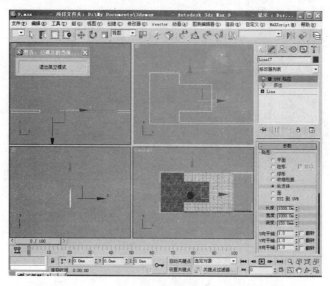

图 9.31　石材贴图

(10) 不锈钢拉边同样用线命令绘制，然后挤出，如图 9.32 所示。

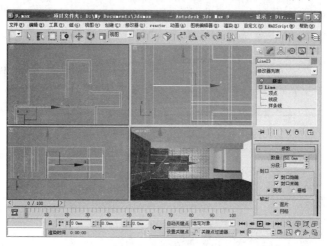

图 9.32　不锈钢拉边制作

9.2.4　顶部造型的制作

(1) 制作顶棚和其他制作方式一样，把 CAD 文件导入到 3ds max 里，移到相应的位置上，如图 9.33 所示。

(2) 利用图形命令绘制出顶棚的外框，如图 9.34 所示。

(3) 绘制好顶棚造型，然后附加到外框，所得出的造型如图 9.35 所示。

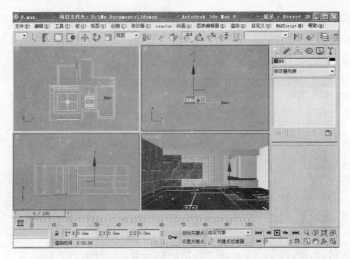

图 9.33　顶棚 CAD 文件导入到 3ds max 中

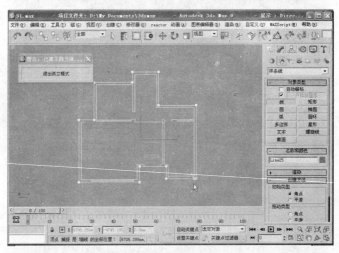

图 9.34　绘制出顶棚外框

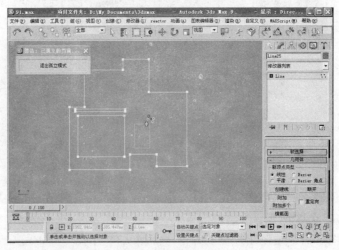

图 9.35　绘制顶棚造型

(4) 绘制完毕,打开"修改"命令面板对物体进行附加,如图 9.36 所示。

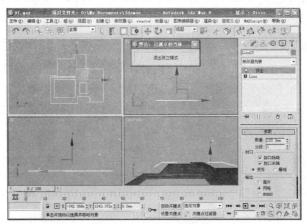

图 9.36　选择造型进行附加

(5) 把所有的造型绘好,全部挤出来,顶棚的厚度为 120mm,如图 9.37 所示。

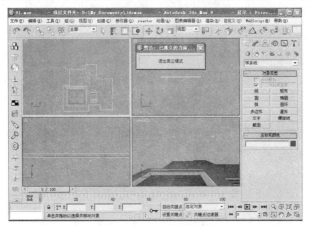

图 9.37　造型进行挤出

(6) 把造型挤出,移动到所在的位置上,如图 9.38 所示。

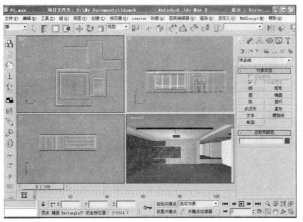

图 9.38　移动到正确的位置

9.2.5 家具的制作

(1) 家具制作和其他物体制作很相似，同样绘制物体，进行放样出来，绘制鞋柜如图 9.39 所示。

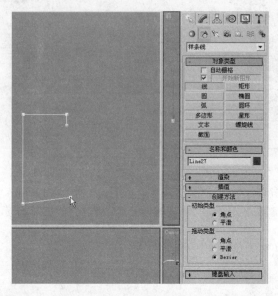

图 9.39 绘制鞋柜

(2) 绘制出鞋柜高为 1100mm，面厚为 80mm，鞋柜门宽为 555mm，如图 9.40 所示。

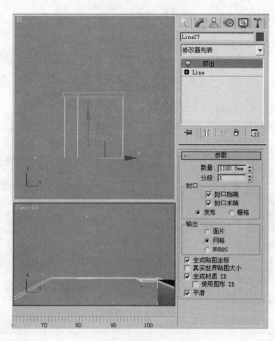

图 9.40 鞋柜尺寸

(3) 鞋柜绘制好后，移动到所在的位置上，赋予所要的材质，如图 9.41 所示。

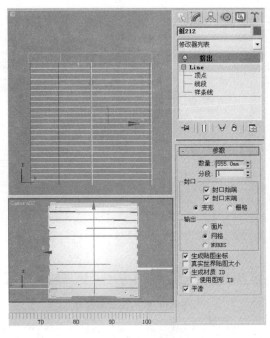

图 9.41　赋予鞋柜材质

9.2.6　窗帘的制作

(1) 制作窗帘，首先制作一个窗帘盒，单击"矩形"按钮，选择矩形在平面图中绘制一个图，如图 9.42 所示。

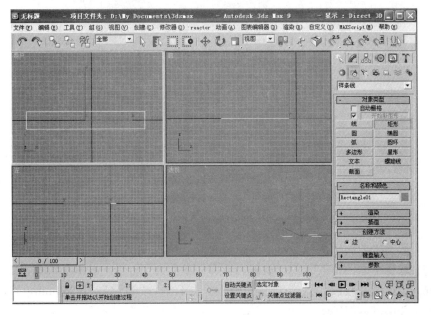

图 9.42　制作窗帘盒

(2) 窗帘盒长度为 350mm，宽度为 2500mm，如图 9.43 所示。

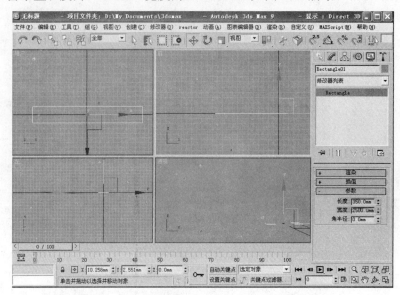

图 9.43　输入窗帘盒尺寸

(3) 尺寸绘制好后，到修改器列表里选择"编辑样条线"命令，在"选择"卷展栏中单击"线段"按钮，如图 9.44 所示。

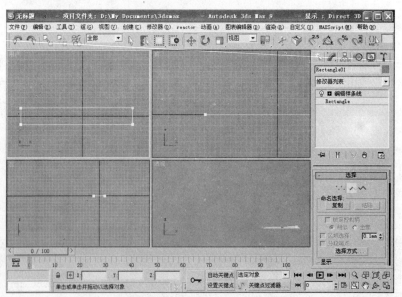

图 9.44　"编辑样条线"命令

(4) 选择平面图中的线段，按 Delete 键删除线段如图 9.45 所示。

(5) 选择平面图中的线段，设置"轮廓"参数为 20mm，如图 9.46 所示。

(6) 选择所在线段，到修改器列表中进行挤出，"数量"为 250mm，窗帘盒绘制完毕，如图 9.47 所示。

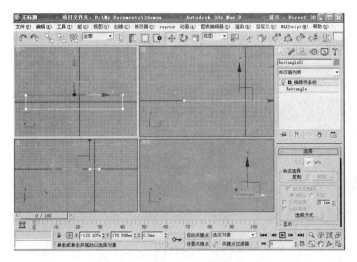

图 9.45　按 Delete 键删除线段

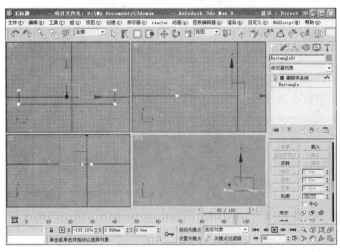

图 9.46　"轮廓"参数为 20mm

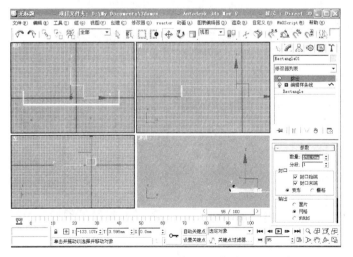

图 9.47　"数量"为 250mm

(7) 制作窗帘前首先制作窗纱，单击"线"按钮，在前视图中，绘制出折叠效果，如图9.48所示。

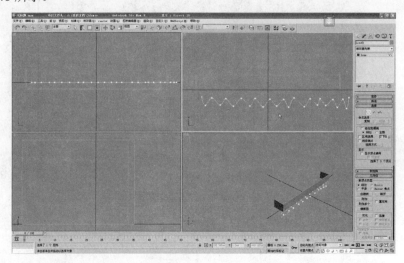

图9.48　绘制出折叠效果

(8) 打开"修改"命令面板，选择"顶点"命令，到视图中单击鼠标右键，选择"平滑"命令，让每个点平滑造型，如图9.49所示。

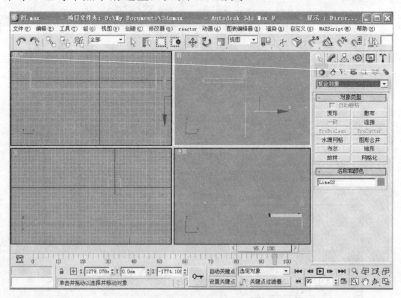

图9.49　平滑每个点

(9) 在前视图中绘一条直线，单击"几何体"按钮，选择"复合对象"命令，如图9.50所示。

(10) 单击"放样"按钮，再单击"获取图形"按钮，把鼠标放到前视图中，单击平滑线段，如图9.51所示。

(11) 选择窗纱，然后镜像窗纱，选择"Y"轴，窗纱绘制完成，如图9.52所示。

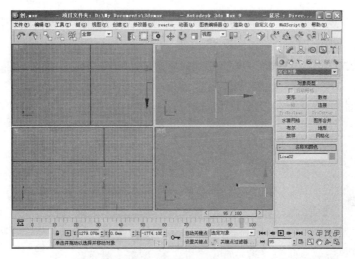

图 9.50 "复合对象"命令

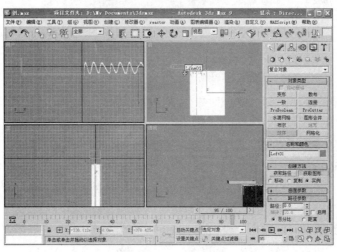

图 9.51 放样图形

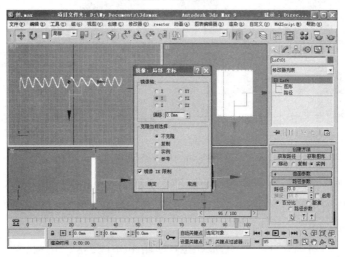

图 9.52 镜像窗纱

(12) 窗纱绘制完成后，再绘制窗帘，单击"线"按钮，在前视图中，绘制出两个折叠效果，再绘出路径，如图9.53所示。

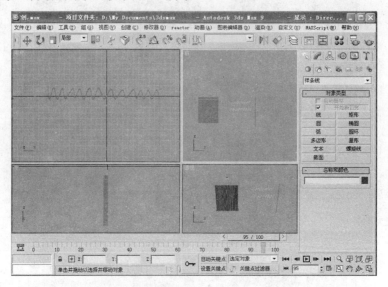

图9.53 绘制出两个折叠效果以及路径

(13) 选择路径，回到"复合对象"命令中，单击"放样"按钮，单击"获取图形"按钮，"路径"参数为1mm，选择第一个窗帘造型，如图9.54所示。

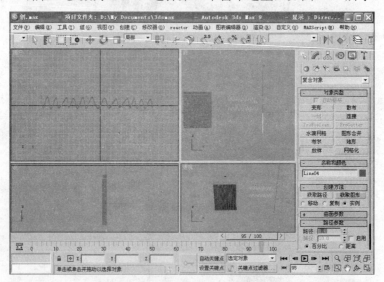

图9.54 窗帘放样1

(14) 再选择第二个窗帘造型，"路径"参数为100mm，如图9.55所示。

(15) 选择窗帘，将窗帘镜像，选择"Y"轴，然后把窗帘移动到正确的位置上，如图9.56所示。

(16) 然后回到"图形命令"卷展栏里，选择窗帘上方，单击"左"按钮，如图9.57所示。

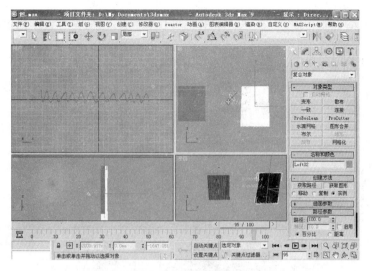

图 9.55 窗帘放样 2

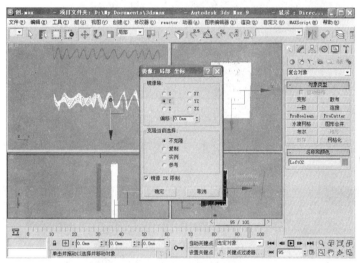

图 9.56 窗帘镜像 "Y" 轴

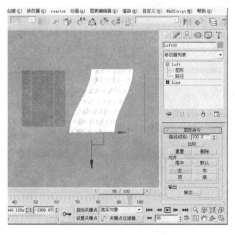

图 9.57 选择窗帘上方

(17) 再次回到"图形命令"卷展栏里,选择窗帘下方,单击"左"按钮,如图9.58所示。

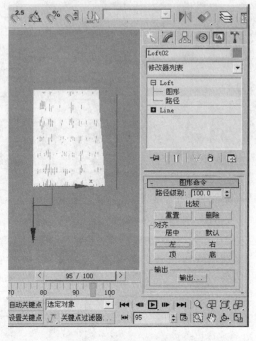

图 9.58　选择窗帘下方

(18) 退出"图形命令"卷展栏,打开"变形"卷展栏,单击"缩放"按钮,如图9.59所示。

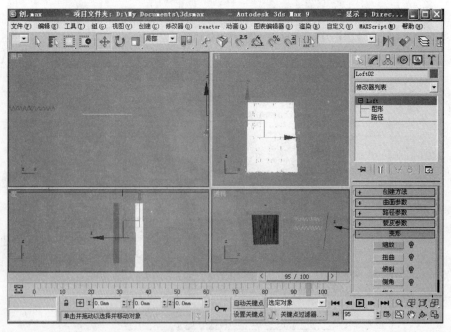

图 9.59　"缩放"按钮

(19) 跳出缩放命令，给缩放加一个点，然后选择移动命令，进行窗帘形状移动，如图 9.60 所示。

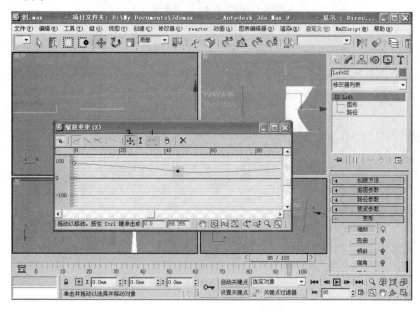

图 9.60　缩放加一个点并移动

(20) 选择一点，单击右键选择"Bezier-角点"命令，对窗帘进行形状调整，如图 9.61 所示。

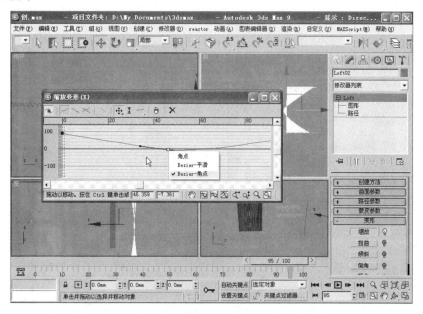

图 9.61　Bezier 角点调整形状

(21) 调整完成后，关闭缩放变形命令，再复制一个窗帘，移动调整位置，窗帘绘制完成，如图 9.62 所示。

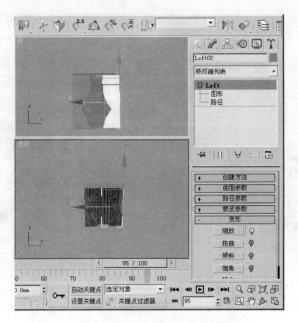

图 9.62 关闭缩放变形命令并调整位置

9.2.7 灯光的设置

1. 整体环境布光

(1) 选择什么灯光就看个人爱好了，一般选择用 Lightscape 渲染基本上打光度学灯，射灯打法，如图 9.63 所示。

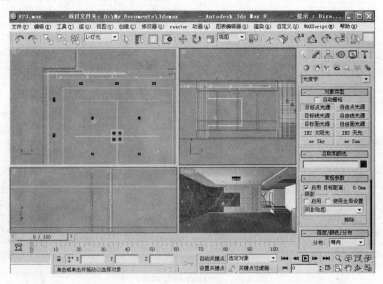

图 9.63 射灯打法

(2) 选择前视图，单击目标点光源向下拉，再选择灯，移动到正确的位置上，如图 9.64 所示。

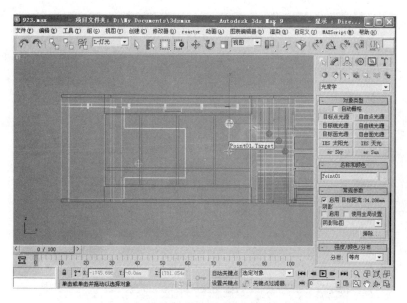

图 9.64　目标点光源的正确打法

(3) 选择目标点光源，在"修改"面板中，打开"强度/颜色/分布"卷展栏，在"分布"中，选择"Web"选项，如图 9.65 所示。

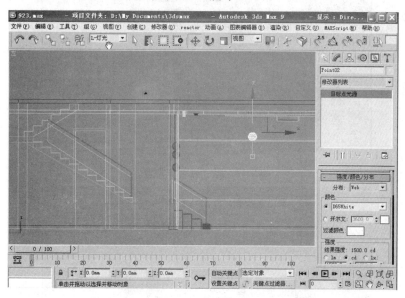

图 9.65　"Web"选项

(4) 在"修改"面板中，打开"Web 参数"卷展栏，打开 Web 文件，选择光域网，单击"打开"按钮，如图 9.66 所示。

(5) 选择灯移动到墙边，目标点移动到墙上，这样光线才在墙上产生，如图 9.67 所示。

(6) 选择刚才设置好的灯，按照顶棚上的位置进行复制，把所有的射灯分配好，如图 9.68 所示。

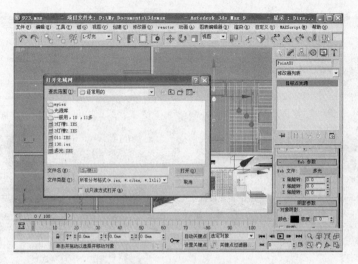

图 9.66 打开光域网

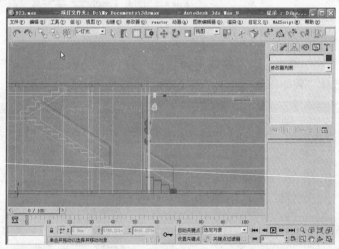

图 9.67 光域网打灯方法

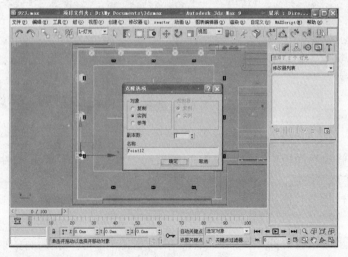

图 9.68 进行复制射灯

(7) 把其他类似的灯光全部分配好，如图 9.69 所示。

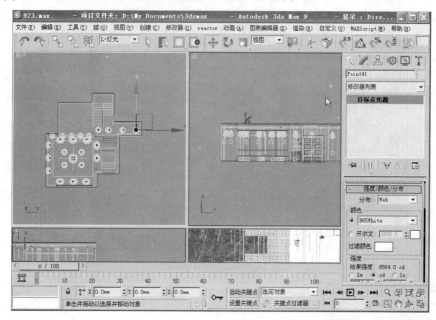

图 9.69　分配灯光

2．灯带的打法

(1) 选择光度学中的线光源，在平面图中右边一拉，产生了线光源，在线光源参数中修改线的长度，输入数值即可，长度为 1000mm，如图 9.70 所示。

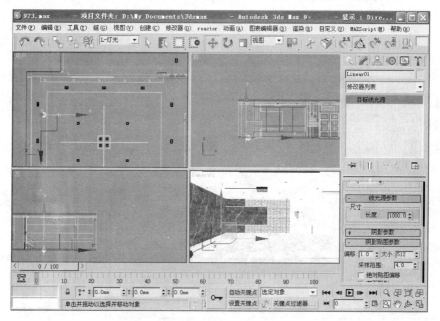

图 9.70　灯带的打法

(2) 调整好位置，对其他灯带进行复制即可，如图 9.71 所示。

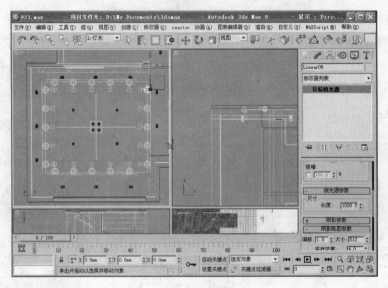

图 9.71　复制其他灯带

9.2.8　创建摄影机

(1) 摄影机分两种：一种是目标摄影机；另外一种是自由摄影机。一般选择目标摄影机，如图 9.72 所示。

(2) 摄影机的远近在"参数"卷展栏里调整，也可以在备用镜头里调整，主要看个人的爱好以做调整，如图 9.73 所示。

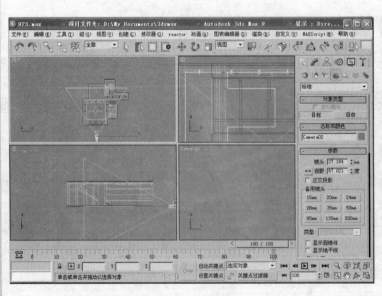

图 9.72　创建摄影机　　　　　　　　　　图 9.73　摄影机的
　　　　　　　　　　　　　　　　　　　　　　　　调整镜头

(3) 摄影机可以手动调整视线远近，然后输入近距离和远距离参数，看着自己的空间调整，基本上近距离参数小点和远距离大点。而摄影机的一般高度是在人们视觉平线上，1400～1800mm 左右的高度，高空空间高度自己另定，如图 9.74 所示。

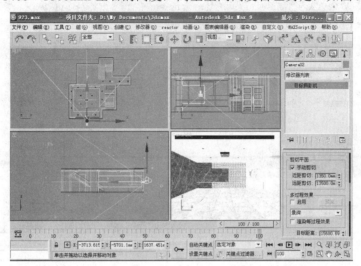

图 9.74　摄影机的视线调整

9.2.9　模型的整合

模型的整合即是合并其他物体，一般的家具、装饰品等物体都是模型合并的，如沙发、电视机、音响、装饰画等。

(1) 选择"文件"|"合并"命令，如图 9.75 所示。

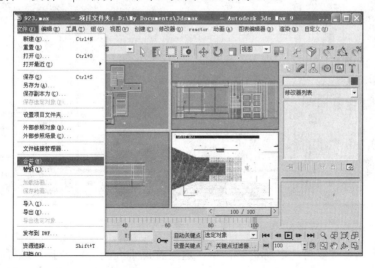

图 9.75　3ds max "合并" 命令

(2) 弹出"合并文件"对话框，然后选择需要的模型，单击"打开"按钮，如图 9.76 所示。

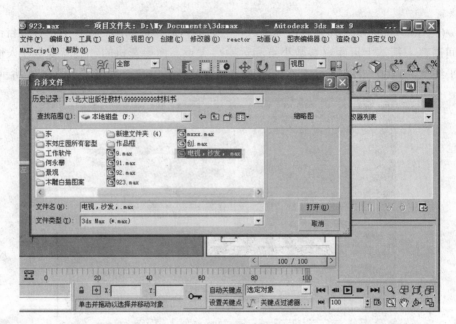

图 9.76 "合并文件"对话框

(3) 打开"合并"对话框，因为想合并的是家具和干枝，所以"灯光"和"摄影机"复选框不要选中，其他的全部选中，然后单击"确定"按钮，如图 9.77 所示。

图 9.77 合并文件

(4) 弹出"重复材质名称"对话框，这里看每个人的爱好选择，最好将材质一起合并进来，如图 9.78 所示。

(5) 将家具合并到空间模型中，然后选择移动工具，移到自己所需的位置上即可，如图 9.79 所示。

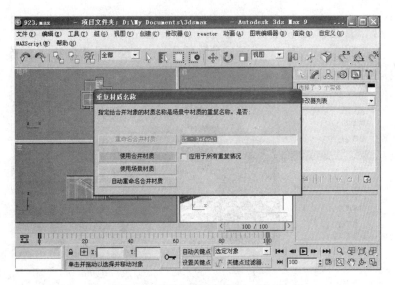

图 9.78 "重复材质名称"对话框

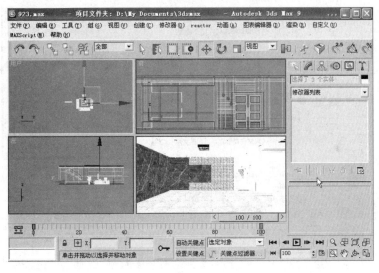

图 9.79 家具合并到空间模型中

9.2.10 渲染输出

在 Lightscape 中渲染完成以后，对图片进行渲染输出。

(1) 对效果图进行渲染输出，选择"文件"|"渲染"，并在"文件名"文本框中命令，如图 9.80 所示。

(2) 弹出"渲染"对话框，首先对效果图起名，单击"浏览"按钮，在"文件名"文本框中输入"客厅"，再单击"打开"按钮。"格式"有好几种，一般选择 JPG 和 TIF 格式。分辨率可以在软件里直接选择。"宽度"为 1500mm、"高度"为 900mm。等级选择看自己的图面定，如图 9.81 所示。

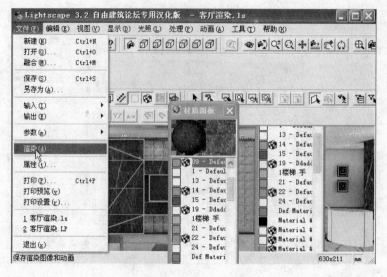

图 9.80 "渲染"命令

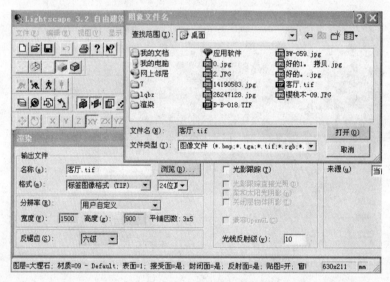

图 9.81 "渲染"对话框

(3) "光影跟踪"选中前三个复选框即可，如图 9.82 所示。

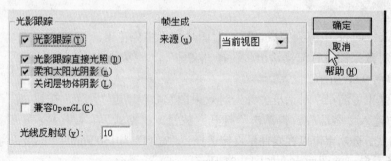

图 9.82 输出设置

9.2.11 后期处理

效果图后期处理一般是在 Adobe Photoshop 软件中完成的，首先打开 Adobe Photoshop 软件，如图 9.83 所示。

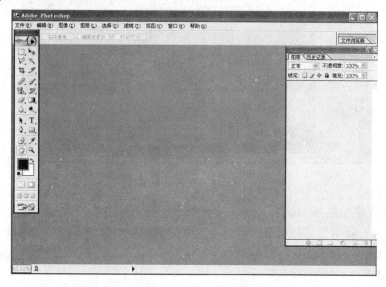

图 9.83　Adobe Photoshop 界面

(1) 选择"文件"|"打开"命令，选择客厅图片文件，单击"打开"按钮，如图 9.84 所示。

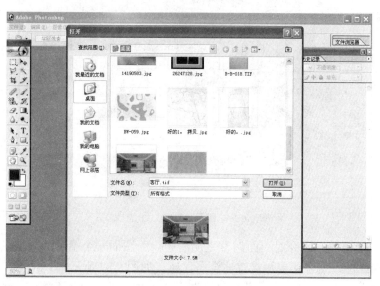

图 9.84　打开文件

(2) 打开图片后，首先对图片进行观察，确定哪里需要修改，再进行调整修改，如图 9.85 所示。

图 9.85 观察效果

(3) 修改前先在 Adobe Photoshop 中的图层里进行图片复制,为"图层 1 副本",再对"图层 1 副本"进行修改。首先观察到效果图里整体明度和暗度不是很好,不平均,所以选择色阶(Ctrl+L 组合键)命令进行明暗处理,让图片亮的地方亮起来,暗的地方再暗下去,如图 9.86 所示。

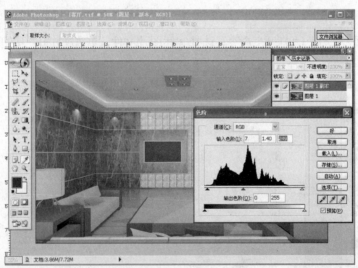

图 9.86 "图层 1 副本"中修改

(4) "色阶调整"命令对图面调整更加清楚,给图面一个温馨的效果,适当地加黄和少量的红色,使客厅更加富有适合居住感,如图 9.87 所示。

(5) 对图面调整更加清楚,数量越大图面显示越清楚,但是不能过大地增加数量参数,这样反而使图面变形,半径根据效果调整,锐化参数适当地给出即可,如图 9.88 所示。

(6) "色相/饱和度"可调整图片的色彩度,使图面更加温和,如图 9.89 所示。

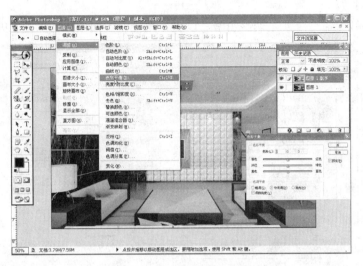

图 9.87 "色彩平衡"命令

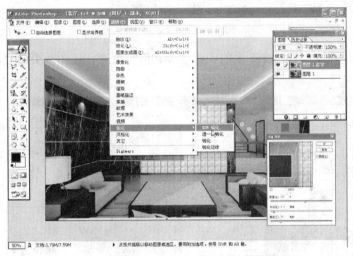

图 9.88 "锐化"命令

图 9.89 "色相/饱和度"命令

(7)"曲线"命令主要是调整明暗，以更好地控制图面效果，如图9.90所示。

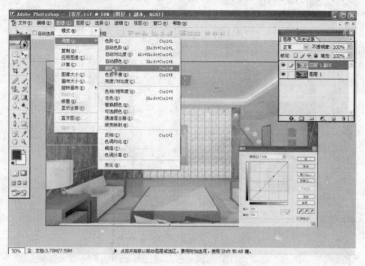

图 9.90 "曲线"命令

(8)"亮度/对比度"命令图面的明暗程度和清晰程度，使图片更清楚，如图 9.91 所示。

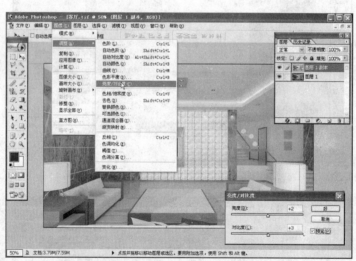

图 9.91 "亮度/对比度"命令

(9) 首先单击"图像"菜单，然后选择"模式"选项中的"Lab 颜色"选项。然后选择明度选项给图片一个"特殊模糊"，参数根据图面整体效果调整。如图9.92 所示。

(10) Lab 颜色中的 a 项调整让 a 物体更加细致的模糊，如图 9.93 所示。

(11) Lab 颜色中的 b 项调整让 b 物体更加细致的模糊，如图 9.94 所示。

(12) 模糊完成后，让图片格式重新回到 RGB 格式里，如图 9.95 所示。

(13) 效果图修改以后，对图面增加装饰品，物体放大和缩小用 Ctrl+T 组合键，如茶几上的物体、植物、装饰画，如图 9.96、图 9.97、图 9.98、图 9.99 所示。

(14) 装饰品增加完成后，图面就更加丰富并且有美感，如图 9.100 所示。

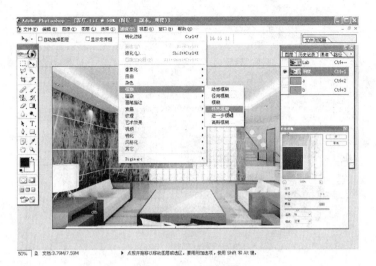

图 9.92 Lab 颜色调整

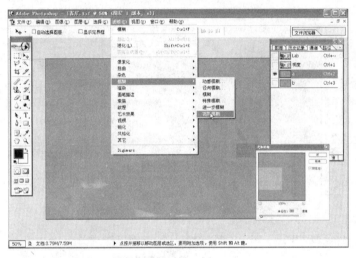

图 9.93 Lab 颜色 a 调整

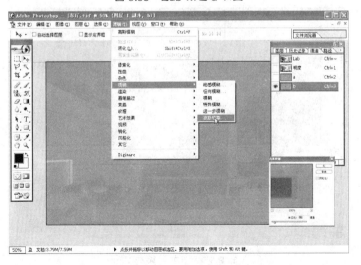

图 9.94 Lab 颜色 b 调整

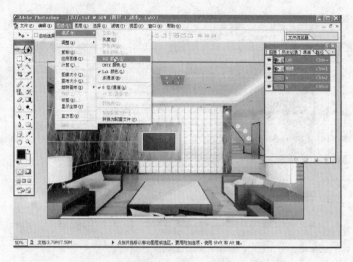

图 9.95 RGB 格式

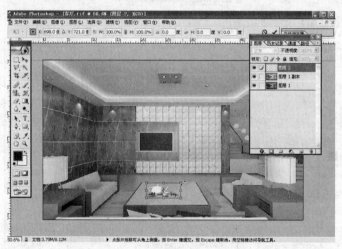

图 9.96 增加装饰品1

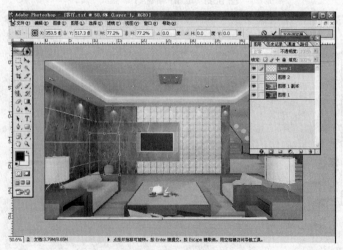

图 9.97 增加装饰品2

图 9.98　增加装饰品 3

图 9.99　增加装饰品 4

图 9.100　修改完成效果 5

本 章 小 结

本章通过完整的实例讲解了 3ds max 9.0 在室内设计表达领域的基本步骤，从室内的建模、赋材质到摄影机与灯光的设置、渲染输出、后期处理，对所用到的关键的知识点都进行了描述。学习 3ds max 9.0 设计表达能力时，了解了基本方法后，重要的就是熟练，技术的提高得益于不断的练习，对于初学者，多看勤练才是最好的学习方法。

习 题

1. 填空

(1) 目前市场上的专业渲染器出了本书提到的 Lightscape 以外，还有_____、_____、_____和_____等。

(2) 编辑样条线命令中，样条线的 3 个可选的子对象分别是_____、_____和_____。

2. 简答题

(1) 简述室内设计的基本要点中客厅灯光的作用及类型。

(2) 简述室内效果图的制作过程中所用到的几个软件及其作用。

参 考 文 献

[1] 朱仁成等. 3ds max 7.0 效果图制作课堂实训. 西安：西安电子科技大学出版社，2005.
[2] 王琦等. Autodesk 3ds max 9.0 标准培训教材. 北京：人民邮电出版社，2007.
[3] 区嘉亮等. Lightscape 3.2 室内外效果图表现技法实例详解. 北京：人民邮电出版社，2005.
[4] 熊力等. 3ds max 9.0 实用教程. 北京：北京希望电子出版社，2007.
[5] 关俊良等. 3D Studio max 4.0 实用教程. 北京：高等教育出版社，2003.
[6] 黄心渊等. 3D Studio max R3 培训教程. 北京：清华大学出版社，1999.
[7] 王伟等. 3ds max 6.0 影视广告设计. 北京：科学出版社出版，2004.
[8] 龙季康等. 3ds max 6.0 建筑动画风暴. 北京：科学出版社出版，2004.
[9] 天一多媒体工作室 秦人华等. 3D studio max R2 与建筑室内设计. 北京：北京希望电脑公司，1999.
[10] 王琦等. 建筑大师 3D Studio viz & lightscape. 北京：北京希望电子出版社，1999.
[11] 孙宏等. 3D Studio max 禁区绝招. 北京：人民邮电出版社，2000.
[12] 水晶石数字教育学院. 3ds max/VRay 室内空间表现. 北京：人民邮电出版社，2008.

北京大学出版社高职高专土建系列技能型规划教材

序号	书号	书名	编著者	定价	出版日期
1	978-7-301-12335-5	建筑工程项目管理	范红岩 宋岩丽	30.00	2008.1（第4次印刷）
2	978-7-301-12337-9	建筑工程制图	肖明和	36.00	2008.4（第2次印刷）
3	978-7-301-13578-5	建筑工程测量	王金玲 周无极	26.00	2008.5（第2次印刷）
4	978-7-301-12336-2	建筑施工技术	朱永祥 钟汉华	38.00	2008.7（第4次印刷）
5	978-7-301-13576-1	建筑材料	林祖宏	28.00	2008.7（第4次印刷）
6	978-7-301-14158-8	工程建设法律与制度	唐茂华	26.00	2008.8（第4次印刷）
7	978-7-301-13581-5	建设工程招投标与合同管理	宋春岩 付庆向	30.00	2008.7（第7次印刷）
8	978-7-301-14283-7	建设工程监理概论	徐锡权 金 从	32.00	2008.10（第3次印刷）
9	978-7-301-14468-8	AutoCAD 建筑制图教程	郭 慧	32.00	2009.1（第6次印刷）
10	978-7-301-14471-8	地基与基础	肖明和	39.00	2009.1（第4次印刷）
11	978-7-301-14467-1	房地产开发与经营	张建中 冯天才	30.00	2009.2（第2次印刷）
12	978-7-301-14477-0	建筑施工技术实训	周晓龙	21.00	2009.2（第2次印刷）
13	978-7-301-14465-7	建筑构造与识图	郑贵超 赵庆双	45.00	2009.2（第4次印刷）
14	978-7-301-14466-4	工程造价控制	斯 庆	26.00	2009.2（第3次印刷）
15	978-7-301-14464-0	建筑工程施工技术	钟汉华 李念国	35.00	2009.3（第3次印刷）
16	978-7-301-14915-7	市政工程计量与计价	王云江	38.00	2009.3（第2次印刷）
17	978-7-301-13584-6	建筑力学	石立安	35.00	2009.4（第3次印刷）
18	978-7-301-15017-7	建设工程监理	斯 庆	26.00	2009.4（第2次印刷）
19	978-7-301-15136-5	建筑装饰材料	高军林	25.00	2009.5
20	978-7-301-15215-7	PKPM 软件的应用	王 娜	27.00	2009.6（第2次印刷）
21	978-7-301-15359-8	建筑施工组织与管理	翟丽旻 姚玉娟	32.00	2009.6（第3次印刷）
22	978-7-301-15376-5	建筑工程专业英语	吴承霞	20.00	2009.7（第2次印刷）
23	978-7-301-15443-4	建筑工程制图与识图	白丽红	25.00	2009.7（第3次印刷）
24	978-7-301-15404-5	建筑制图习题集	白丽红	25.00	2009.7（第2次印刷）
25	978-7-301-15405-2	建筑制图	高丽荣	21.00	2009.7（第2次印刷）
26	978-7-301-15586-8	建筑制图习题集	高丽荣	21.00	2009.8
27	978-7-301-15406-9	建筑工程计量与计价	肖明和 简 红	39.00	2009.7（第3次印刷）
28	978-7-301-15449-6	建筑工程经济	杨庆丰 侯聪霞	24.00	2009.7（第4次印刷）

序号	书号	书名	编著者	定价	出版日期
29	978-7-301-15439-7	建筑装饰施工技术	王 军 马军辉	30.00	2009.7（第2次印刷）
30	978-7-301-15504-2	设计构成	戴碧锋	30.00	2009.7
31	978-7-301-15542-4	建筑工程测量	张敬伟	30.00	2009.8（第3次印刷）
32	978-7-301-15548-6	建筑工程测量实验与实习指导	张敬伟	20.00	2009.8（第3次印刷）
33	978-7-301-15516-5	建筑工程计量与计价实训	肖明和 柴 琦	20.00	2009.8（第2次印刷）
34	978-7-301-15549-3	工程项目招投标与合同管理	李洪军 源 军	30.00	2009.8（第2次印刷）
35	978-7-301-15541-7	建筑素描表现与创意	于修国	25.00	2009.8
36	978-7-301-15518-9	建设工程监理概论	曾庆军 时 思	24.00	2009.8
37	978-7-301-15517-2	建筑工程造价管理	李茂英 杨映芬	24.00	2009.8
38	978-7-301-15658-2	建筑力学与结构	吴承霞	40.00	2009.8（第3次印刷）
39	978-7-301-15652-0	安装工程计量与计价	冯 钢 景巧玲	38.00	2009.8（第2次印刷）
40	978-7-301-15613-1	室内设计基础	李书青	32.00	2009.8
41	978-7-301-15614-8	施工企业会计	辛艳红 李爱华	26.00	2009.8（第2次印刷）
42	978-7-301-15598-1	土木工程实用力学	马景善	30.00	2009.8
43	978-7-301-15606-3	中外建筑史	袁新华	30.00	2009.8（第3次印刷）
44	978-7-301-15687-2	建筑装饰构造	赵志文 张吉祥	27.00	2009.9
45	978-7-301-15817-3	房地产估价	黄 晔 胡芳珍	26.00	2009.9（第2次印刷）
46	978-7-301-16905-6	建筑工程质量事故分析	郑文新	25.00	2010.2
47	978-7-301-16716-8	建筑设备基础知识与识图	靳慧征	34.00	2010.2（第3次印刷）
48	978-7-301-16727-4	建筑工程测量	赵景利	30.00	2010.2（第2次印刷）
49	978-7-301-16731-1	建设工程法规	高玉兰	30.00	2010.3（第3次印刷）
50	978-7-301-16072-5	基础色彩	张 军	42.00	2010.3
51	978-7-301-16732-8	工程项目招投标与合同管理	杨庆丰	28.00	2010.3
52	978-7-301-16864-6	土木工程力学	吴明军	38.00	2010.4
53	978-7-301-17086-1	建筑结构	徐锡权	62.00	2010.6
54	978-7-301-16730-4	建设工程项目管理	王 辉	32.00	2010.7
55	978-7-301-16070-1	建筑工程质量与安全管理	周连起	35.00	2010.7
56	978-7-301-16071-8	建筑工程计量与计价——透过案例学造价	张 强	50.00	2010.8
57	978-7-301-16130-2	地基与基础	孙平平	32.00（估）	2010.7
58	978-7-301-16073-2	Photoshop效果图后期制作	脱忠伟 姚 炜	38.00（估）	2010.7
59	978-7-301-16726-7	建筑施工技术	叶 雯 周晓龙	44.00	2010.8
60	978-7-301-16728-1	建筑材料与检测	梅 杨 夏文杰 于全发	26.00	2010.8
61	978-7-301-16729-8	建筑材料实验指导	王美芬	21.00（估）	2010.7
62	978-7-301-16688-8	市政桥梁工程	刘 江 王云江	42.00	2010.7
63	978-7-301-17331-2	建筑与饰装修工程工程量清单	翟丽旻 杨庆丰	25.00	2010.7
64	978-7-301-17762-4	3ds max室内设计表现方法	徐海军	32.00	2010.9

电子书(PDF版)、电子课件和相关教学资源下载地址：http://www.pup6.com/ebook.htm，欢迎下载。

欢迎免费索取样书，请填写并通过E-mail提交教师调查表，下载地址：http://www.pup6.com/down/教师信息调查表excel版.xls，欢迎订购。

欢迎投稿，并通过E-mail提交个人信息卡，下载地址：http://www.pup6.com/down/zhuyizhexinxika.rar。

联系方式：010-62750667，laiqingbeida@126.com，linzhangbo@126.com，欢迎来电来信。